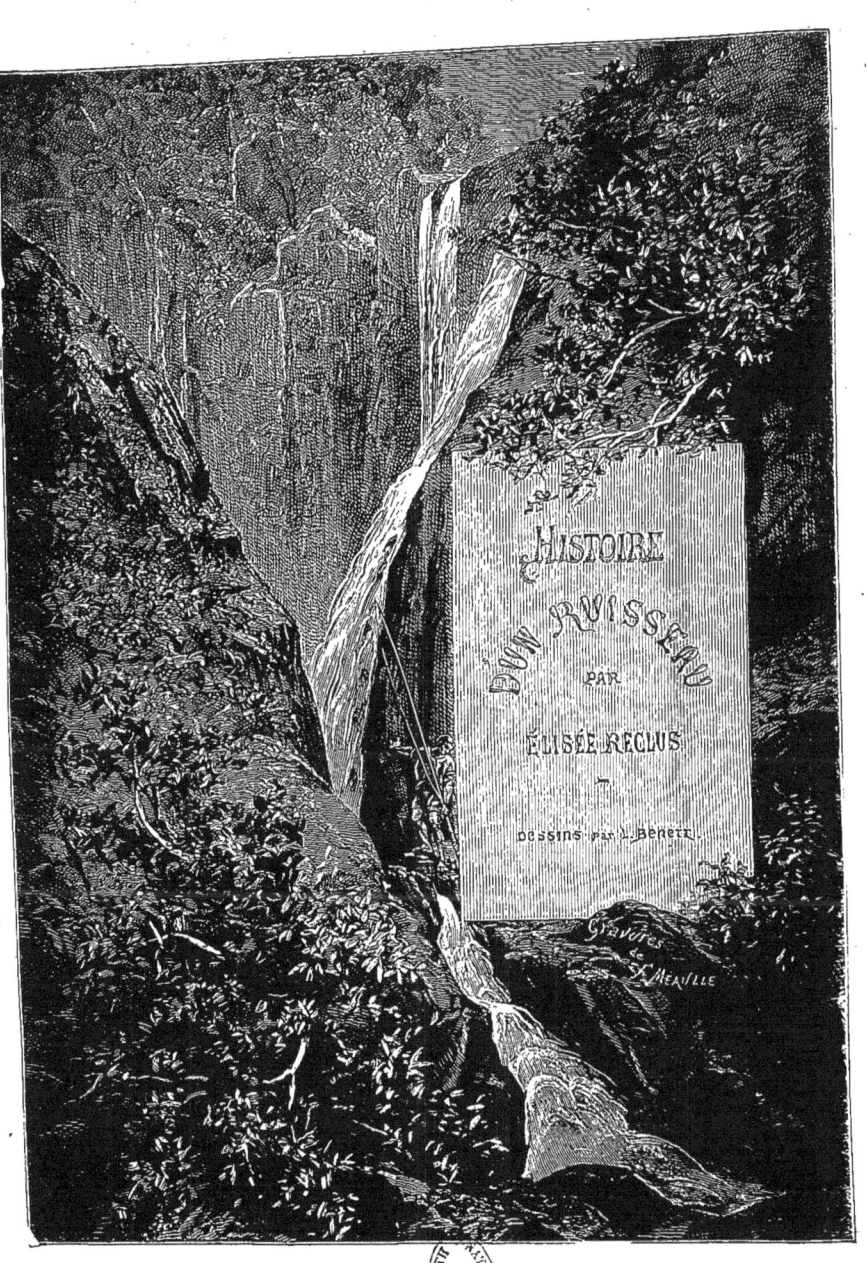

COLLECTION J. HETZEL

HISTOIRE D'UN RUISSEAU

PAR

ÉLISÉE RECLUS

DESSINS PAR L. BENETT

BIBLIOTHÈQUE
D'ÉDUCATION ET DE RÉCRÉATION
J. HETZEL ET Cie, 18, RUE JACOB
PARIS

Tous droits de traduction et de reproduction réservés

CHAPITRE I

LA SOURCE

L'histoire d'un ruisseau, même de celui qui naît et se perd dans la mousse, est l'histoire de l'infini. Ces gouttelettes qui scintillent ont traversé le granit, le calcaire et l'argile; elles ont été neige sur la froide montagne, molécules de vapeur dans la nuée, blanche écume sur la crête des flots; le soleil, dans sa course journalière, les a fait resplendir des reflets les plus éclatants; la pâle lumière de la lune les a vaguement irisées; la foudre en a fait de l'hydrogène et de l'oxygène, puis, d'un nouveau choc, a fait ruisseler en eau ces éléments primitifs. Tous les agents de l'atmosphère et de l'espace, toutes les forces cosmiques ont travaillé de concert à modifier incessamment l'aspect et la position de la gouttelette imperceptible; elle aussi est un monde comme les astres énormes qui roulent dans les cieux, et son orbite se développe de cycle en cycle par un mouvement sans repos.

Toutefois notre regard n'est point assez vaste pour embrasser dans son ensemble le circuit de la goutte, et nous nous bornons à la suivre dans ses détours et ses chutes depuis son apparition dans la source jusqu'à son mélange avec l'eau du grand fleuve ou de l'Océan. Faibles comme nous le sommes, nous tâchons de mesurer la nature à notre taille; chacun de ses phénomènes se résume pour nous en un petit nombre d'impressions que nous avons ressenties. Qu'est le ruisseau, sinon le site gracieux où nous avons vu son eau s'enfuir sous l'ombrage des trembles, où nous avons vu se balancer ses herbes serpentines et frémir les joncs de ses îlots? La berge fleurie où nous aimions à nous étendre au soleil en rêvant de liberté, le sentier sinueux qui borde le flot et que nous suivions à pas lents en regardant le fil de l'eau, l'angle du rocher d'où la masse unie plonge en cascade et se brise en écume, la source bouillonnante, voilà ce qui, dans notre souvenir, est le ruisseau presque tout entier. Le reste se perd dans une brume indistincte. La source surtout, l'endroit où le filet d'eau, caché jusque-là, se montre soudain, voilà le lieu charmant vers lequel on se sent invinciblement attiré. Que la fontaine semble dormir dans une prairie comme une simple flaque entre les joncs, qu'elle bouillonne dans le sable en jonglant avec les paillettes de quartz ou de mica, qui montent, descendent et rebondissent en un tourbillon sans fin, qu'elle jaillisse modestement entre deux pierres, à l'ombre discrète des grands arbres, ou bien qu'elle s'élève avec bruit d'une fissure de la roche, comment ne pas se sentir fasciné par cette eau qui vient d'échapper à l'obscurité et reflète si gaiement la lumière? En jouissant nous-mêmes du tableau ravissant de la source, il nous est facile de comprendre pourquoi les Arabes, les Espagnols, les montagnards pyrénéens et tant d'autres hommes de toute race et de tout climat ont vu dans les fontaines des « yeux » par lesquels les êtres enfermés dans les roches ténébreuses viennent un moment contempler l'espace et la verdure. Délivrée de sa prison, la nymphe joyeuse regarde le ciel bleu, les arbres, les brins d'herbe, les roseaux qui se balancent; elle reflète la grande nature dans le clair saphir de ses eaux, et, sous ce regard limpide, nous nous sentons pénétrer d'une mystérieuse tendresse.

De tout temps la transparence de la source fut le symbole de la pureté morale; dans la poésie de tous les peuples, l'innocence est comparée au clair regard des fontaines, et le souvenir de cette image, transmis de siècle en siècle, est devenu pour nous un attrait de plus. Sans doute, cette eau se souillera plus loin; elle passera sur des roches en débris et sur des végétaux en putréfaction; elle délayera des terres limoneuses et se chargera des restes impurs déversés par les animaux et les hommes; mais ici, dans sa vasque de pierre ou son berceau de joncs, elle est si pure, si lumineuse, que l'on dirait de l'air condensé : les reflets changeants de la surface, les bouillonnements soudains, les cercles concentriques des rides, les contours indécis et flottants des cailloux immergés révèlent seuls que ce fluide si clair est bien de l'eau, comme le sont nos grands fleuves bourbeux. En nous penchant sur la fontaine, en voyant nos visages fatigués et souvent mauvais se réfléchir dans cette onde si limpide, il n'est aucun d'entre nous qui ne répète instinctivement, et même sans l'avoir appris, le vieux chant que les Guèbres enseignaient à leurs fils :

> Approche-toi de la fleur, mais ne la brise point!
> Regarde et dis tout bas : Ah! si j'étais aussi beau!
>
> Dans la fontaine de cristal ne lance point de pierre!
> Regarde et pense tout bas : Ah! si j'étais aussi pur!

Qu'elles sont charmantes, ces têtes de naïades, à la chevelure couronnée de feuilles et de fleurs, que les artistes hellènes ont burinées sur leurs médailles, ces statues de nymphes qu'ils ont élevées sous les colonnades de leurs temples! Combien sont aimables ces images légères et vaporeuses que Goujon a su néanmoins fixer pour les siècles dans le marbre de ses fontaines! Qu'elle aussi est gracieuse à voir, cette source que le vieil Ingres a saisie et qu'il a presque sculptée de son pinceau! Rien, semble-t-il, n'est plus fugitif, plus indécis que l'eau jaillissante entrevue sous les joncs; on se demande comment une main humaine peut s'enhardir à figurer la source avec des traits précis dans le marbre ou sur la toile; mais, statuaire ou peintre, l'artiste n'a qu'à regarder cette eau transparente, il n'a qu'à se laisser pénétrer par le pur sentiment qui l'envahit pour voir apparaître devant lui l'image à la fois la plus gracieuse et la plus ferme de contours. La voilà, belle et nue, souriant à la vie, fraîche comme l'onde, où son pied baigne encore; elle est jeune et ne saurait vieillir; dussent les générations s'écouler devant elle, ses formes seront toujours aussi suaves, son regard toujours aussi limpide, l'eau qui s'épanche en perles de son urne brillera toujours du même éclat sous le soleil. Qu'importe si la nymphe innocente, qui n'a pas connu les misères de la vie, ne semble point rouler dans sa tête tout un flot de pensées! Elle-même, heureuse, songe peu; mais, sous son doux regard, on songe d'autant plus, on se promet d'être sincère et vrai comme elle, et l'on affermit sa vertu contre le monde hideux du vice et de la calomnie.

Numa Pompilius, nous dit la légende romaine, avait pour conseillère la nymphe Egérie. Seul, il pénétrait dans les profondeurs des bois, sous l'ombrage mystérieux des chênes; il s'approchait avec confiance de la grotte sacrée, et, pour sa vue, l'eau pure de la cascade, à la robe ourlée d'écume, au voile flottant de vapeurs irisées, prenait l'aspect d'une femme belle entre toutes et souriante d'amour. Il lui parlait comme un égal, lui, le chétif mortel, et la nymphe répondait d'une voix cristalline, à laquelle le murmure du feuillage et tous les bruits de la forêt se mêlaient comme un chœur lointain. C'est ainsi que le législateur apprenait la sagesse. Nul vieillard à la barbe blanchie n'eût su prononcer des paroles semblables à celles qui tombaient des lèvres de la nymphe, immortelle et toujours jeune.

Que nous dit cette légende, sinon que la nature seule, et non pas le tumulte des foules, peut nous initier à la vérité; que pour scruter les mystères de la science il est bon de se retirer dans la solitude et de développer son intelligence par la réflexion? Numa Pompilius, Égérie ne sont que des noms symboliques résumant toute une période de l'histoire du peuple romain aussi bien que de chaque société naissante : c'est aux nymphes, ou pour mieux dire, c'est aux sources, aux forêts, aux montagnes, qu'à l'origine de toute civilisation les hommes ont dû leurs mœurs et leurs lois. Et quand bien même il serait vrai que la discrète nature eût pu donner ainsi des conseils aux législateurs, transformés bientôt en oppresseurs de l'humanité, combien plus n'a-t-elle pas fait en faveur des souffrants de la terre, pour leur rendre le courage, les consoler dans leurs heures d'amertume, leur donner une force nouvelle dans la grande bataille de la vie! Si les opprimés n'avaient pu retremper leur énergie et se refaire une âme par la contemplation de la terre et de ses grands paysages, depuis longtemps déjà l'initiative et l'audace eussent été complètement étouffées. Toutes les têtes se seraient courbées sous la main de quelques despotes, toutes les intelligences seraient restées prises dans un indestructible réseau de subtilités et de mensonges.

Dans nos écoles et nos lycées, nombre de professeurs, sans trop le savoir et même croyant bien faire, cherchent à diminuer la valeur des jeunes gens en enlevant la force et l'originalité à leur pensée, en leur donnant à tous même discipline et même médiocrité! Il est une tribu des Peaux-Rouges où les mères essayent de faire de leurs enfants, soit des hommes de conseil, soit des guerriers, en leur poussant la tête en avant ou en arrière par de solides cadres de bois et de fortes bandelettes; de même des pédagogues se vouent à l'œuvre fatale de pétrir des têtes de fonctionnaires et de sujets, et malheureusement il leur arrive trop souvent de réussir. Mais, après les dix mois de chaîne, voici les heureux jours des vacances : les enfants reprennent leur liberté; ils revoient la campagne, les peupliers de la prairie, les grands bois, la source déjà parsemée des feuilles jaunies de l'automne; ils boivent l'air pur des champs, ils se font un sang nouveau, et les ennuis de l'école seront impuissants à faire disparaître de leur cerveau les souvenirs de la libre nature. Que le collégien sorti de la prison, sceptique et blasé, apprenne à suivre le bord des ruisseaux, qu'il contemple les remous, qu'il écarte les feuilles ou soulève les pierres pour voir jaillir l'eau des petites sources, et bientôt il sera redevenu simple de cœur, jovial et candide.

Ce qui est vrai pour les enfants et les jeunes gens ne l'est pas moins pour toutes les nations, encore dans leur période d'adolescence. Par milliers et par milliers, les « pasteurs des peuples », perfides ou pleins de bonnes intentions, se sont armés du fouet et du sceptre, ou, plus habiles, ont répété de siècle en siècle des formules d'obéissance afin d'assouplir les volontés et d'abêtir les esprits; mais, heureusement, tous ces maîtres, qui voulaient asservir les autres hommes par la terreur, l'ignorance ou l'impitoyable routine, n'ont point réussi à créer un monde à leur image, ils n'ont pas su faire de la nature un grand jardin de mandarin chinois avec des arbres torturés en forme de monstres et de nains, des bassins taillés en figures géométriques et des rocailles au dernier goût; la terre, par la magnificence de ses horizons, la fraîcheur de ses bois, la limpidité de ses sources, est restée la grande éducatrice, et n'a cessé de rappeler les nations à l'harmonie et à la recherche de la liberté. Telle montagne dont les neiges ou les glaces se montrent en plein ciel au-dessus des nuages, telle grande forêt dans laquelle mugit le vent, tel ruisseau qui coule dans les prairies, ont souvent plus fait que des armées pour le salut d'un peuple. C'est là ce qu'ont senti les Basques, ces nobles descendants des Ibères, nos aïeux : afin de rester libres et fiers, ils ont toujours bâti leurs demeures au bord des fontaines, à l'ombre des grands arbres, et, plus encore que leur courage, leur amour de la nature a longtemps sauvegardé leur indépendance.

Nos autres ancêtres, les Aryens d'Asie, chérissaient aussi les eaux courantes et leur rendaient un véritable culte dès l'origine des âges historiques. Vivant à l'issue des belles vallées qui descendent de Pamir, le « toit du monde », ils savaient utiliser tous les torrents d'eau claire pour les diviser en d'innombrables canaux et transformer ainsi les campagnes en jardins; mais s'ils invoquaient les fontaines, s'ils leur offraient des sacrifices, ce n'est point seulement parce que l'eau fait pousser les gazons et les arbres, abreuve les peuples et les troupeaux, c'est aussi, disaient-ils, parce qu'elle rend les hommes purs, parce qu'elle équilibre les passions et calme les « désirs déréglés ». C'est l'eau qui leur faisait éviter les haines et les colères insensées de leurs voisins, les Sémites du désert, c'est elle qui les avait sauvés de la vie errante en fécondant leurs champs et en nourrissant leurs cultures; c'est elle qui leur avait permis de poser d'abord la pierre du foyer, puis le mur de la ville et d'agrandir ainsi le cercle de leurs sentiments et de leurs idées. Leurs fils, les Hellènes, comprenaient quel avait été, à l'origine des sociétés, le rôle initiateur de l'eau, lorsque plus tard ils bâtissaient un temple et dressaient la statue d'un dieu au bord de chacune de leurs fontaines.

Même chez nous, arrière-descendants des Aryens, un reste de l'antique adoration des sources subsiste çà et là. Après la fuite des anciens dieux et la destruction de leurs temples, les populations chrétiennes continuèrent en maints endroits de vénérer les eaux jaillissantes : c'est ainsi qu'aux sources du Céphise, en Béotie, on voit, à côté les unes des autres, se dresser les ruines de deux nymphées grecques aux colonnes élégantes, et les lourdes constructions d'une chapelle du moyen âge. Dans l'Europe occidentale aussi, des églises, des couvents ont été bâtis au bord de quelques fontaines; mais, en plus d'endroits encore, les sites charmants où les premières eaux s'élancent joyeusement du sol, ont été maudits comme des lieux hantés par les démons. Pendant les douloureux siècles du moyen âge, la frayeur avait transformé les hommes; elle leur faisait voir des figures grimaçantes là où les ancêtres avaient surpris le sourire des dieux; elle avait changé en antichambre de l'enfer cette terre joyeuse qui, pour les Hellènes, était la base de l'Olympe. Les noirs magiciens, comprenant d'instinct que la liberté pourrait renaître de l'amour de la nature, avaient voué la terre aux génies infernaux ; ils avaient livré aux démons et aux fantômes les chênes qu'habitaient jadis les dryades et les fontaines où s'étaient baignées les nymphes.

C'est au bord des eaux jaillissantes que les spectres des morts revenaient pour mêler leurs sanglots au frémissement plaintif des arbres et au murmure étouffé de l'eau contre les pierres; c'est là que les bêtes fauves se rassemblaient le soir et que le sinistre loup-garou se tenait en embuscade derrière un buisson pour s'élancer d'un bond sur le dos d'un passant et en faire sa monture. En France, que de « fonts du diable » et de « gourgs d'enfer », évités par le paysan superstitieux, et pourtant, ce qu'il trouvait d'infernal dans ces fontaines redoutées, c'était seulement la sauvage majesté du site ou la glauque profondeur des eaux.

Désormais c'est à tous les hommes qui aiment à la fois la poésie et la science, à tous ceux aussi qui veulent travailler de concert au bonheur commun, qu'il appartient de lever le sort jeté sur les sources par le prêtre ignorant du moyen âge. Il est vrai, nous n'adorerons plus, comme nos ancêtres aryens, sémites ou ibères, l'eau qui jaillit en bouillonnant du sol, pour la remercier de la vie et des richesses qu'elle dispense aux sociétés, nous ne lui bâtirons point de nymphées et ne lui verserons point de libations solennelles; mais nous ferons plus en l'honneur de la source. Nous l'étudierons dans son flot, dans ses rides, dans le sable qu'elle roule et la terre qu'elle dissout; malgré les ténèbres, nous en remonterons le cours souterrain jusqu'à la première goutte qui suinte à travers le rocher; sous la lumière du jour, nous la suivrons de cascade en cascade, de méandre en méandre jusqu'à l'immense réservoir de la mer où elle va s'engouffrer; nous connaîtrons le rôle immense que, par son travail incessant, elle joue dans l'histoire de la planète. En même temps, nous apprendrons à l'utiliser d'une manière complète pour l'irrigation de nos campagnes et pour la mise en œuvre de nos richesses, nous saurons la faire travailler pour le service commun de l'humanité, au lieu de la laisser ravager les cultures et s'égarer dans les marécages pestilentiels. Quand nous aurons enfin compris entièrement la source et qu'elle sera devenue notre associée fidèle dans l'œuvre d'embellissement du globe, alors nous en apprécierons d'autant mieux le charme et la beauté ; nos regards ne seront plus ceux d'une admiration enfantine. L'eau, comme la terre qu'elle anime, doit nous sembler de jour en jour plus belle, depuis que la nature s'est relevée, non sans peine, de sa longue malédiction. Les traditions de nos précurseurs, les citoyens hellènes, qui regardaient avec tant d'amour le profil des monts, le jaillissement des eaux, les contours des rivages, ont été reprises par les artistes pour la terre entière comme pour la source, et, grâce à ce retour vers la nature, l'humanité fleurit de nouveau dans sa jeunesse et dans sa joie.

Lorsque la renaissance des peuples européens eut commencé, un mythe étrange se propagea parmi les hommes. On se racontait que loin, bien loin par delà les bornes du monde connu, il existait une fontaine merveilleuse, réunissant toutes les vertus des autres sources; non seulement elle guérissait, mais elle rajeunissait aussi et rendait immortel. Des multitudes crurent à cette fable et se mirent à la recherche de l'eau pure de Jouvence, espérant la trouver, non point à l'entrée des enfers, comme l'onde noire du Styx, mais, au contraire, dans un paradis terrestre, au milieu des fleurs et de la verdure, sous un éternel printemps. Après la découverte du Nouveau Monde, des soldats espagnols, par centaines et par milliers, s'aventuraient avec un courage inouï au milieu des terres inconnues, à travers forêts, marécages, rivières et montagnes, à travers les déserts sans ressources, et les régions peuplées d'ennemis; ils marchaient, et chacune de leurs étapes était marquée par la chute de plusieurs d'entre eux; mais ceux qui restaient avançaient toujours, comptant trouver enfin, en récompense de leurs fatigues, cette eau merveilleuse dont le contact leur ferait vaincre la mort. Encore aujourd'hui, dit-on, des pêcheurs, descendus des premiers conquérants espagnols, rôdent autour des îles dans les détroits des Bahamas, espérant voir sur quelque plage bouillonner l'eau merveilleuse.

Et d'où vient que des hommes, jouissant d'ailleurs de tout leur bon sens et de leur force d'âme, cherchaient avec tant de passion la source divine qui devait renouveler leurs corps et s'exposaient joyeusement à tous les dangers dans l'espoir de la trouver? C'est que rien ne paraissait plus impossible à ceux qui avaient vu s'accomplir les merveilles de la Renaissance. En Italie, des savants avaient su ressusciter le monde grec avec ses penseurs et ses artistes; dans la brumeuse Germanie, des magiciens avaient trouvé le moyen de faire écrire le bois et le métal; les livres s'imprimaient tout seuls, et le domaine sans fin des sciences s'ouvrait ainsi à la masse du peuple, jadis condamnée aux ténèbres; enfin les navigateurs génois, vénitiens, espagnols, portugais, avaient fait surgir, comme une seconde planète attachée à la nôtre, un continent nouveau avec ses plantes, ses animaux, ses peuples et ses dieux. L'immense renouvellement des choses avait enivré les esprits; le possible seul paraissait chimérique. Le moyen âge s'enfuyait dans le gouffre des siècles écoulés, et, pour les hommes, commençait une nouvelle ère, plus heureuse et plus libre. Ceux d'entre eux qui étaient affranchis par l'étude comprenaient que la science, le travail, l'union fraternelle peuvent seuls accroître la puissance de l'humanité et la faire triompher du temps; mais les soldats grossiers, héros à contre-sens, allaient chercher dans le passé légendaire cette grande ère du renouveau qui s'ouvrait précisément par les conquêtes de l'observation et par la négation du prodige ; ils avaient besoin d'un symbole matériel pour croire au progrès, et ce symbole était celui de la fontaine où les membres du vieillard retrouvent la force et la beauté. L'image qui se présentait naturellement à leur esprit était celle de la source jaillissant à la liberté du fond du sol ténébreux et faisant naître aussitôt sur ses rivages les feuilles, les fleurs et la jeunesse.

CHAPITRE II

L'EAU DU DÉSERT

Pour bien comprendre de quelle importance ont été les sources et les ruisseaux dans la vie des sociétés, il faut se transporter par la pensée dans les pays où la terre avare ne laisse jaillir que de rares fontaines. Etendus mollement sur l'herbe de la prairie, au bord de l'eau qui s'échappe en bouillonnant, il nous serait facile de nous abandonner à la volupté de vivre, et de nous contenter des charmants horizons de nos climats; mais laissons notre esprit vaguer bien plus loin que les bornes où s'arrête le regard. Voyageons à notre aise au delà des touffes de graminées qui se balancent à côté de nous, au delà des larges troncs des aunes qui ombragent la source et des sillons qui rayent le flanc de la colline, au delà des ondulations vaporeuses des crêtes qui marquent les frontières de la vallée et des blancs flocons de nuées qui frangent l'horizon. Suivons dans son vol, par delà les montagnes et les mers, l'oiseau qui s'enfuit vers un autre continent. La fontaine en reflète un instant la rapide image; mais bientôt il disparaît dans l'espace.

Ici, dans nos riches vallées de l'Europe occidentale, l'eau coule en abondance; les plantes, bien arrosées, se développent dans toute leur beauté; les tiges des arbres, à l'écorce lisse et tendue, sont gonflées de sève; l'air tiède est rempli de vapeurs. Par l'appel du contraste, il est donc tout naturel de penser aux contrées moins heureuses, où l'atmosphère ne laisse point tomber de pluies, où le sol, trop aride, nourrit seulement une maigre végétation. C'est là que les populations savent apprécier l'eau à sa juste valeur. Dans l'intérieur de l'Asie, dans la Péninsule arabique, dans les déserts du Sahara et de l'Afrique centrale, sur les plateaux du Nouveau Monde, même dans certaines régions de l'Espagne, chaque source est plus que le symbole de la vie, c'est la vie elle-même; que cette eau devienne plus abondante, et la prospérité du pays s'accroît en même temps; que le jet diminue ou qu'il tarisse complètement, et les populations s'appauvrissent ou meurent : leur histoire est celle du petit filet d'eau près duquel se bâtissent leurs cabanes.

Les Orientaux, lorsqu'ils rêvent de bonheur, se voient toujours au bord des eaux ruisselantes, et leurs chants célèbrent surtout la beauté des fontaines. Tandis que dans notre Europe bien arrosée, on s'aborde bourgeoisement en se demandant des nouvelles de la santé ou des affaires, les Gallas de l'Afrique orientale se disent en s'inclinant : « As-tu trouvé de l'eau? » En Indoustan, le serviteur chargé de rafraîchir les demeures en aspergeant le sol, s'appelle le « paradisiaque ».

Sur les côtes du Pérou et de la Bolivie, où l'eau pure est aussi des plus rares, c'est avec une sorte de désespoir que l'on regarde souvent l'étendue sans bornes des vagues salées. La terre est aride et jaune, le ciel est bleu ou d'une couleur d'acier. Parfois il arrive qu'un nuage se forme dans l'atmosphère; aussitôt la population s'assemble pour suivre des yeux la gracieuse vapeur qui s'effrange trop tôt dans l'espace sans se condenser en pluie. Cependant, après des mois et des années d'attente, un heureux remous des vents fait enfin crever la nuée au-dessus de la côte. Quelle joie que celle de voir s'écrouler cette ondée! Les enfants s'élancent hors des maisons pour recevoir l'averse sur leur dos nu, et se baignent dans les flaques avec des cris de joie ; les parents n'attendent que la fin de l'orage pour partir aussi et jouir du contact des molécules humides qui flottent encore dans l'atmosphère. La pluie qui vient de tomber va rejaillir de toutes parts, non pas en sources, mais par la merveilleuse chimie du sol, en verdure et en fleurs éclatantes; pendant quelques jours, le désert se change en prairie. Par malheur, ces herbes se dessèchent en peu de semaines, la terre se calcine de nouveau, et les habitants altérés sont obligés d'envoyer chercher l'eau nécessaire sur les lointains plateaux couverts d'efflorescences salines. L'eau est versée dans de grandes jarres, et l'on aime à s'y mirer, de même que, sous nos heureux climats, nous regardons notre image dans le cristal des fontaines.

L'étranger qui s'égare dans certains villages de l'Aragon, haut perchés comme des crêtes de rochers croulants sur les contreforts des Pyrénées, est surpris à la vue du mortier rouge qui cimente les pierres brutes des masures. Il pense d'abord que ce mortier est formé de sable rouge ; mais non, les constructeurs, avares de leur eau, ont préféré se servir de vin. La récolte de l'année précédente a été bonne, les celliers sont remplis, et, si l'on veut faire place à la nouvelle vendange, on n'a qu'à les vider partiellement. Pour aller chercher de l'eau, bien loin dans la vallée au pied des collines, il faudrait perdre des journées entières et charger des caravanes de mules. Quant à se servir de l'eau de la fontaine qui s'échappe en rares gouttelettes des flancs du rocher voisin, ce serait là un sacrilège auquel personne ne peut penser. Cette eau, les femmes qui vont y remplir leur cruches pour le repas de chaque jour, la recueillent perle à perle avec un amour religieux.

Combien plus vive encore doit être l'admiration pour l'eau transparente et limpide chez le voyageur qui traverse les déserts de roches ou de sable, et qui ne sait pas s'il aura la chance de trouver un peu d'humidité dans quelque puits, aux parois formées d'ossements de chameaux ! Il arrive à l'endroit indiqué ; mais la dernière goutte a été bue par le soleil, et vainement il creuse le sol de sa lance, la fontaine qu'il cherchait ne reviendra que pendant la saison des pluies. Comment s'étonner alors que sa pensée, toujours obsédée de la vision des sources, toujours tendue vers l'image des eaux, les lui fasse apparaître soudain ? Le mirage n'est pas seulemeut, ainsi que le dit la physique moderne, une illusion du regard produite par la réfraction des rayons du soleil à travers un milieu inégalement échauffé, c'est aussi, bien souvent, une hallucination du voyageur altéré. Pour lui le comble du bonheur serait de voir s'étendre devant lui un lac d'eau fraîche dans lequel il pourrait en même temps se plonger et s'abreuver, et telle est l'intensité de son désir qu'elle transforme son rêve en une image visible. Le beau lac que sa pensée lui dépeint incessamment, ne le voilà-t-il pas au loin qui réfléchit la lumière du soleil et développe à perte de vue ses gracieux rivages ombragés de palmiers? Dans quelques minutes, il s'y baignera voluptueusement, et, ne pouvant jouir de la réalité, il jouit du moins de l'illusion.

Quel heureux moment que celui où le guide de la caravane, doué d'un regard plus perçant que ses compagnons, aperçoit à l'extrême limite de l'horizon le point noir qui lui révèle la véritable oasis! Il l'indique du doigt à ceux qui le suivent, et tous sentent à l'instant diminuer leur lassitude : la vue de ce petit point presque imperceptible a suffi pour réparer leurs forces et changer leur accablement en gaieté; les montures hâtent le pas, car elles aussi savent que l'étape va bientôt finir. Le point noir grossit peu à peu; maintenant c'est une sorte de nuage indécis, contrastant par sa teinte sombre avec la surface immense du désert, d'un rouge éclatant; puis ce nuage s'étend et s'élève : c'est une forêt, au-dessus de laquelle

C'EST BIEN DE L'EAU QU'ILS VOIENT RUISSELER.

on commence à discerner çà et là les fusées de verdure des palmiers, semblables à des volées d'oiseaux gigantesques. Enfin, les voyageurs pénètrent sous le joyeux ombrage, et cette fois, c'est bien de l'eau, de l'eau vraie qu'ils voient ruisseler et qu'ils entendent murmurer au pied des arbres. Aussi quel soin religieux les habitants de l'oasis mettent-ils à utiliser chaque goutte du précieux liquide! Ils divisent la source en une multitude de filets distincts, afin de répandre la vie sur la plus grande étendue possible, et tracent à toutes ces petites veines d'eau le chemin le plus direct vers les plantations d'arbres et les cultures. Ainsi employée jusqu'à la dernière goutte, la source ne va point se perdre en ruisseau dans le désert : ses limites sont celles de l'oasis elle-même : là où croissent les derniers arbustes, là aussi les dernières artérioles de l'eau s'arrêtent dans les racines pour se changer en sève.

Etrange contraste des choses! Pour ceux qui l'habitent, l'oasis est presque une prison ; pour ceux qui la voient de loin ou qui la connaissent seulement par l'imagination, elle est un paradis. Assiégée par l'immense désert où le voyageur égaré ne peut trouver que la faim, la soif, la folie, la mort peut-être, la population de l'oasis est en outre décimée par les fièvres qui s'élèvent de l'eau corrompue à la base des palmiers.

Lorsque les empereurs romains, modèles de tous ceux qui les ont suivis, voulaient se défaire de leurs ennemis sans avoir à verser le sang, ils se bornaient à les exiler dans une oasis, et bientôt ils avaient le plaisir d'apprendre que la mort avait promptement rendu le service attendu. Et pourtant ce sont ces oasis meurtrières qui, grâce à leurs eaux murmurantes et à leur contraste avec les solitudes arides, font surgir chez tous les hommes l'idée d'un lieu de délices et sont devenues le symbole même du bonheur. Dans leurs voyages de conquérants à travers le monde, les Arabes, désireux de se refaire une patrie dans toutes les contrées où les menaient l'amour de la conquête et le fanatisme de la foi, ont essayé de créer partout de petites oasis. Que sont en Andalousie ces jardins enfermés entre les tristes murailles des alcazars maures, sinon des miniatures d'oasis, rappelant celles du désert? Du côté de la ville et de ses rues poudreuses, les hauts remparts crénelés, percés çà et là de quelques ouvertures étroites, offrent un aspect terrible; mais quand on est entré dans l'enceinte et qu'on a dépassé les voûtes, les corridors, les arcades, voici le jardin entouré de colonnes élégantes qui rappellent les troncs élancés des palmiers. Les plantes grimpantes s'attachent aux fûts de marbre, les fleurs emplissent l'espace étroit de leurs parfums pénétrants, et l'eau, peu abondante, mais distribuée avec le plus grand art, ruisselle en perles sonores dans les vasques des fontaines.

À côté des aimables sources de nos climats, dont l'eau pure nous abreuve et nous enrichit, nous pouvons nous demander quel est, parmi les grands agents naturels de la civilisation, celui qui a fait le plus pour le développement de l'humanité. Est-ce la mer avec ses eaux pullulantes de vie, avec ses plages qui furent les premiers chemins des hommes, et sa nappe infinie conviant le barbare à voyager de rive en rive? Est-ce la montagne avec ses hautes cimes, qui sont la beauté de la terre, ses vallées profondes où les peuplades trouvent un abri, son atmosphère pure donnant à ceux qui la respirent une âme de héros? Ou ne serait-ce pas plutôt l'humble fontaine, fille des montagnes et de la mer? Oui, l'histoire des nations nous montre la source et le ruisseau contribuant directement aux progrès de l'homme plus que l'Océan et les monts et toute autre partie du grand corps de la terre. Mœurs, religions, état social dépendent surtout de l'abondance des eaux jaillissantes.

D'après un ancien récit de l'Orient, c'est au bord d'une fontaine du désert que les ancêtres légendaires des trois grandes races de l'Ancien Monde ont cessé d'être frères et sont devenus ennemis. Tous les trois, fatigués par la marche à travers les sables, périssaient de chaleur et de soif. Pleins de joie à la vue de la source, ils s'élancèrent pour s'y plonger. Le plus jeune, qui l'atteignit le premier, en sortit comme renouvelé; sa peau, noire comme celle de ses frères avant de toucher l'eau de la fontaine, avait pris une couleur d'un blanc rosé, et des cheveux blonds brillaient sur ses épaules. Mais déjà le flot était à demi tari, le second frère ne put s'y baigner en entier; toutefois il s'enfonça dans le sable humide, et sa peau se teignit d'une nuance dorée. A son tour le dernier venu plonge dans le bassin, mais il n'y reste plus une goutte d'eau. L'infortuné cherche vainement à boire, à s'humecter le corps; seulement les plantes de ses pieds et les paumes de ses mains, pressées contre le sable, en exprimèrent un peu d'humidité, qui les blanchit légèrement.

Cette légende relative aux habitants des trois continents de l'Ancien Monde raconte peut-être sous une forme voilée quelles sont les véritables causes de la prospérité des races. Les nations de l'Europe sont devenues les plus morales, les plus intelligentes, les plus heureuses, non parce qu'elles portent en elles-mêmes un germe quelconque de prééminence, mais parce qu'elles jouissent d'une plus grande richesse de rivières et de fontaines et que leurs bassins fluviaux sont plus heureusement distribués. L'Asie, où nombre de peuples, de la même origine aryenne que les principales nations d'Europe, ont une histoire beaucoup plus ancienne, a fait cependant moins de progrès en civilisation et en puissance sur la nature, parce qu'elle est moins bien arrosée et que de vastes déserts séparent les unes des autres ses fertiles vallées. Enfin l'Afrique, continent informe ceint de déserts, de plateaux, de plaines brûlées par la chaleur, de marécages, a longtemps été la terre déshéritée, à cause du manque de fleuves et de fontaines. Mais, en dépit des haines et des guerres qui durent encore, les peuples deviennent de plus en plus solidaires, ils apprennent de jour en jour à se communiquer leurs privilèges pour en faire un patrimoine commun ; grâce à la science et à l'industrie qui se propagent, ils savent maintenant faire jaillir de l'eau là où nos ancêtres n'auraient su la trouver, et mettre en communication rapide les bassins fluviaux trop éloignés les uns des autres. Les trois premiers hommes se sont séparés ennemis près de la fontaine de Discorde ; mais, ajoute la légende, ils se retrouveront un jour près de la source de l'Égalité, et désormais resteront frères.

Dans les régions aimées du soleil où mythes et traditions vont chercher l'origine de la plupart des civilisations nationales, c'est autour de la source, condition première de la vie, que devaient nécessairement se grouper les hommes. Au milieu du désert, la tribu est comme emprisonnée dans l'oasis; forcément agricole, elle a pour limites de son territoire les derniers filets d'eau sortis de la fontaine et les derniers arbres qu'elle arrose. Les steppes herbeux, plus faciles à traverser que le désert, ne retiennent point en captivité les populations, et les pasteurs nomades, poussant leurs troupeaux devant eux, voyagent suivant les saisons, de l'une à l'autre extrémité de la mer des herbes; mais leurs points de ralliement sont toujours les fontaines, et c'est de la plus ou moins grande abondance des sources que dépend la puissance de la tribu. L'institution du patriarcat, chez les Sémites de l'Asie occidentale et chez tant d'autres races du monde, était due surtout à la rareté des eaux jaillissantes.

La fière cité grecque, et avec elle cette admirable civilisation des Hellènes, qui de tout temps restera l'éblouissement de l'histoire, s'expliquent aussi en grande partie par la forme de l'Hellade, où de nombreux bassins, que séparent les uns des autres des collines élevées et des montagnes, ont chacun leur petite famille de ruisselets et de rivières. Peut-on s'imaginer Sparte sans l'Eurotas, Olympie sans l'Alphée, Athènes sans l'Illyssus? D'ailleurs les poètes grecs ont su reconnaître ce que devait leur patrie à ces faibles cours d'eau qu'un sauvage de l'Amérique ne daignerait pas même regarder. L'aborigène du Nouveau Monde méprise le ruisseau parce qu'il voit rouler dans leur terrible majesté des fleuves comme le rio Madeira, le Tapajoz ou le courant des Amazones; mais ces énormes masses d'eau, il ne les comprend pas même assez pour en célébrer la puissance : en les contemplant, il reste dans une sorte de stupeur. Le Grec, au contraire, plein de gratitude envers le moindre filet d'eau, le déifiait comme une force de la nature; il lui bâtissait des temples, lui élevait des statues, frappait des médailles en son honneur. Et l'artiste qui gravait ou sculptait ces traits divinisés, comprenait si bien les vertus intimes de la source, qu'en en voyant l'image, les citoyens accourus la reconnaissaient aussitôt.

Combien sont grands les noms des ruisselets de l'Hellade et de l'Asie Mineure ainsi transfigurés par les sculpteurs et les poètes! Quand le voyageur débarque de l'Héllespont sur la plage où les compagnons d'Ulysse et d'Achille avaient mis à sec leurs vaisseaux, quand il aperçoit le plateau qui portait autrefois les murs de Troie et voit sa propre image se refléter, soit dans les sources fameuses du Scamandre, soit dans l'eau du petit fleuve Simoïs, où faillit périr le vaillant Ajax, bien pauvre est son imagination, bien rebelle est son cœur s'il ne se sent profondément ému à la vue de ces flots que le vieil Homère a chantés! Et que doit-il éprouver en visitant ces fontaines de Grèce, aux noms harmonieux, Callirhoé, Mnémosyne, Hippocrène, Castalie? L'eau qui s'en écoulait et qui s'en échappe encore est celle que les poètes regardaient avec amour comme si l'inspiration s'était élancée du sol en même temps que les sources; c'est à ces filets transparents qu'ils allaient boire en rêvant d'immortalité, en cherchant à lire les destinées de leurs œuvres dans les rides du bassin et les vaguelettes de la cascatelle.

Quel est le voyageur qui n'aime à reporter sa pensée vers ces sources célèbres, s'il a eu le bonheur de les contempler un jour! Quant à moi, je me rappelle encore avec une véritable émotion les heures et les instants où j'ai pu, discret amant des fontaines, baigner mon regard dans l'eau si pure des sources de la Sicile grecque et surprendre à leur joyeuse apparition sous la lumière du soleil les clairs torrents d'Acis et d'Amenanos, les bouillons transparents de Cyane et d'Aréthuse. Certes toutes ces fontaines sont belles, mais je les trouvais mille fois plus charmantes à la pensée que des millions d'hommes, aujourd'hui disparus, les avaient admirées comme moi ; une sorte de piété filiale me faisait partager les sentiments de tous ceux qui, depuis le sage Ulysse, s'étaient arrêtés au bord de ces eaux pour y étancher leur soif ou seulement pour en contempler la profondeur bleue et le ruissellement cristallin. Le souvenir des populations qui s'étaient amassées en foule autour de ces fontaines, et dont les palais et les temples avaient jeté leurs reflets tremblants dans la nappe ridée, se mêlait pour moi au murmure de la source bondissant hors de sa prison de lave ou de calcaire. Les peuples ont été massacrés ; des civilisations diverses se sont succédé avec leurs flux et leurs reflux de progrès et de décadence ; mais de sa voix claire, l'eau ne cesse de raconter l'histoire des antiques cités grecques : plus encore que la grave histoire, les fables dont les poètes ont orné la description des sources servent maintenant à susciter devant nous les générations d'autrefois. Le petit fleuve Acis, que courtisaient

Galathée et les nymphes des bois et que le géant Polyphème ensevelit à demi sous les roches, nous parle d'une antique éruption de l'Etna, le géant terrible, au regard de feu allumé sur le front comme l'œil fixe du Cyclope; Cyane ou « l'Azurée », qui se couronnait de fleurs quand le noir Pluton vint saisir Proserpine sur l'herbe pour s'engouffrer avec elle dans les cavernes de l'enfer, nous fait apparaître les jeunes dieux à l'époque de leurs fiançailles avec la terre vierge encore; la charmante Aréthuse, que la légende nous dit être venue de la Grèce en nageant à travers les flots de la mer Ionienne, dans le sillage des vaisseaux doriens, nous raconte les migrations des colons hellènes et la marche graduelle de leur civilisation vers l'ouest. Alphée, le fleuve d'Olympie, plongeant à la poursuite de la belle Aréthuse, avait aussi franchi la mer et mêlé son onde, sur les rivages de la Sicile, à l'onde chérie de la fontaine. Parfois, disent les marins, on voit encore Alphée jaillir de la mer à gros bouillons, tout près des quais de Syracuse, et dans son courant tourbillonnent les feuilles, les fleurs et les fruits des arbres de la Grèce. La nature tout entière, avec ses eaux et ses plantes, avait suivi l'Hellène dans sa nouvelle patrie.

Plus près de nous, dans le midi de la France, mais encore sur ce versant méditerranéen qui, par ses rochers blancs, sa végétation, son climat, ressemble plus à l'Afrique et à la Syrie qu'à l'Europe tempérée, une fontaine, celle de Nîmes, nous raconte les bienfaits immenses des eaux de source. En dehors de la ville, s'ouvre un amphithéâtre de rochers revêtus de pins, dont les tiges supérieures sont inclinées par le vent qui descend de la tour Magne : c'est au fond de cet amphithéâtre, entre des murailles blanches aux balustres de marbre, que s'étend le bassin de la fontaine. A l'entour sont épars quelques restes de constructions antiques. Au bord se dressent les ruines d'un temple des nymphes que l'on croyait jadis avoir été consacré à Diane, la chaste déesse, sans doute à cause de la beauté des nuits, alors que sur les eaux, l'orbe de la lune se reflète en une longue traînée frémissante. Au-dessous de la terrasse du temple, un double hémicycle de marbre borde la fontaine, et ses marches, où les jeunes filles venaient autrefois puiser l'eau, descendent sous le flot transparent. La source elle-même est d'un azur insondable au regard. Jaillissant du fond d'un gouffre ouvert en entonnoir, la gerbe d'eau s'épanouit en montant et s'étale circulairement à la surface. Comme un énorme bouquet de verdure qui se reploie hors d'un vase, les herbes aquatiques aux feuilles argentées qui croissent autour de l'abîme et les algues limoneuses aux longs cordages enguirlandés cèdent à la pression de l'eau qui s'épanche et se recourbent en dehors vers le pourtour du bassin ; à travers leurs couches épaisses le courant s'ouvre de larges détroits aux rives flottantes et serpentines. En échappant au bassin de la source, le ruisseau vient de naître ; il s'enfuit au loin des voûtes sonores, s'épanche en cascatelles entre des colonnades ombragées de grands marronniers, puis, enfermé dans un canal de pierre, traverse la cité dont il est l'artère de vie, et dont plus loin, chargé de débris impurs, il devient l'égout. Sans la fontaine qui l'alimente, Nîmes n'aurait point été fondée ; que les eaux tarissent, et la ville cessera même d'exister ; dans les années de sécheresse, alors que de l'entonnoir jaillit seulement un maigre filet, les habitants s'en vont en foule. Sans doute les Nîmois pourraient amener de loin sur leurs places beaucoup d'autres fontaines et même y faire couler un bras de l'Ardèche ou du Rhône ; mais à combien de travaux futiles ne songent-ils pas avant de se procurer l'indispensable, c'est-à-dire de l'eau en abondance apportant avec elle la propreté et le bien-être ! Comme s'ils avaient voulu se moquer avec grâce de leur propre incurie, les Nîmois ont même dressé sur leur place la plus aride et la plus blanche de poussière un groupe magnifique de fleuves armés de tridents et de rivières couronnées de nénuphars; mais, en dépit de ce faste sculptural, leur unique ressource est toujours la fontaine vénérée, belle et pure comme aux jours où l'ancêtre gaulois vint bâtir la première cabane à côté de son onde.

Dans nos pays du Nord, presque tous arrosés avec la plus grande abondance par fontaines, ruisseaux et fleuves, les sources n'ont point concentré sur elles, comme les fontaines du Midi, la poésie des légendes et l'attention de l'histoire. Barbares qui voyons seulement les avantages du trafic, nous admirons les fleuves surtout en proportion du nombre de sacs ou de tonneaux qu'ils transportent dans l'année, et nous nous soucions médiocrement des cours d'eau secondaires qui les forment et des sources qui les alimentent. Parmi les millions d'hommes qui habitent les bords de chacun de nos grands cours d'eau de l'Europe occidentale, quelques milliers à peine daignent, dans une promenade ou dans un voyage, se détourner de quelques pas pour aller contempler l'une des sources principales du fleuve qui arrose leurs campagnes, met leurs usines en mouvement et porte leurs embarcations. Telle fontaine, admirable par la clarté de ses eaux et par le charme des paysages environnants, est même complètement ignorée par les bourgeois de la ville voisine, qui, fidèles à la vogue, n'en vont pas moins, chaque année, se saupoudrer sur les grandes routes des cités à la mode. Vivant d'une vie artificielle, ils ont perdu de vue la nature, ils ne savent pas même ouvrir leurs yeux pour contempler l'horizon, ils ne se baissent même pas pour regarder à leurs pieds. Que nous importe! Ce qui les entoure est-il moins beau parce qu'ils y sont indifférents? Parce qu'ils ne les ont jamais remarquées, sont-elles donc moins charmantes, la petite fontaine qui ruisselle au milieu des fleurs et la puissante source qui s'échappe à bouillons des cavernes du rocher?

CHAPITRE III

LE TORRENT DE LA MONTAGNE

Parmi les innombrables ruisseaux qui courent à la surface de la terre et se jettent dans l'Océan ou se réunissent pour former rivières ou grands fleuves, celui dont nous allons suivre le cours n'a rien qui le signale particulièrement à l'attention des hommes. Il ne sort point des hautes montagnes chargées de glaces; ses bords n'offrent point une splendeur exceptionnelle de végétation; son nom n'est point célèbre dans l'histoire. Certes, il est charmant; mais quel ruisseau ne l'est pas, à moins qu'il ne coule à travers des marécages rendus fétides par les égouts des villes, ou que ses rivages n'aient été gâtés par une culture sans art?

Les monts d'où s'épanchent les premières eaux du

ruisselet sont d'une élévation moyenne : verts jusqu'aux sommets, ils sont veloutés de prairies dans tous les vallons, touffus de forêts sur tous les contre-forts, et des pâturages, à demi voilés par les vapeurs bleuâtres de l'air, tapissent les hautes pentes. Une cime aux larges épaules domine les autres sommets, qui s'alignent en une longue rangée en projetant des chaînons de collines entre toutes les vallées latérales. Les brusques escarpements, les promontoires avancés ne permettent pas de comprendre d'un regard l'ordonnance du paysage; on ne voit d'abord qu'une sorte de labyrinthe où dépressions et hauteurs alternent sans ordre; mais si l'on planait comme l'oiseau, ou si l'on se balançait dans la nacelle d'un ballon, on verrait que les limites du bassin s'arrondissent autour de toutes les sources du ruisseau comme un amphithéâtre et que tous les vallons ouverts dans la vaste rondeur s'inclinent en convergeant l'un vers l'autre et se réunissent en une vallée commune. La chaîne principale des hauteurs forme le bord le plus élevé du cirque ; deux autres côtés sont des chaînons latéraux qui s'abaissent graduellement en s'éloignant de la grande arête, et quelques collines basses se rapprochent pour fermer le cirque parallèlement aux montagnes ; mais elles laissent une issue, celle par laquelle échappe le ruisseau.

Différents par la hauteur, les monts le sont aussi par la nature des terrains, le profil, l'aspect général. Le sommet le plus élevé, qui semble le pasteur de tout ce troupeau de montagnes, est un large dôme aux puissants contreforts : la masse du granit cachée sous la verdure se révèle par le mouvement superbe du relief. D'autres cimes plus humbles montrent dans le voisinage leurs longues crêtes en dents de scie et leurs déclivités rapides; ce sont des assises schisteuses que le noyau de granit a redressées en se soulevant. Plus loin apparaissent des hauteurs calcaires coupées à pic, et se continuant par de vastes plateaux faiblement arrondis. Chaque sommet a sa vie propre, dirait-on; comme un être distinct, il a son ossature particulière et sa forme extérieure correspondante; chaque ruisselet qui découle de leurs flancs a son cours et ses accidents propres, son babil, son murmure ou son grondement à lui.

La source qui naît à la plus grande hauteur et fournit la plus longue course jusqu'à la vallée, est celle du pic le plus élevé. Bien souvent, dans les journées pluvieuses, ou même lorsqu'un beau soleil éclairait les campagnes d'en bas, nous avons vu, d'une distance de plusieurs lieues, la fontaine se former dans les hauteurs de l'air. Une nuée blanche s'élève comme une fumée de la cime lointaine, elle grandit, enveloppe les pâturages et s'effrange en flocons pourchassés du vent. « La montagne met son chapeau, » dit le paysan, et ce chapeau de nuages n'est autre chose que la source sous une autre forme : après avoir été nuage, brouillard, pluie traînante, elle va reparaître fontaine à quelques centaines de mètres plus bas, dans une crevasse de rochers ou dans un léger pli de terrain.

En hiver et même au printemps, c'est comme neige que le vent dépose sur les hauteurs l'eau qui doit rejaillir du sol en source permanente. Les nuées grisâtres qui s'attachent au sommet ne s'évaporent point sans avoir laissé de traces de leur passage; à l'endroit où l'on voyait d'en bas le vert des pâtis s'étend maintenant une nappe éblouissante de neiges. Cette blanche couche de flocons, c'est encore sous une nouvelle forme le nuage de vapeur qui se condensait dans l'espace, ce sera bientôt le ruisseau qui s'élance joyeusement vers la plaine. Tandis que la surface de la neige tombée se glace et durcit dans la froide atmosphère de l'hiver, surtout pendant les nuits, un sourd travail s'accomplit au-dessous du grand laboratoire de la montagne : les gouttelettes que le soleil a fondues pendant le jour pénètrent dans le sol jusqu'au rocher et, de grain de sable à grain de sable, de cristal de quartz à molécule d'argile, descendent imperceptiblement le long des pentes ; elles se rapprochent, elles deviennent gouttes, puis, se réunissant les unes aux autres, ce sont des filets liquides qui glissent souterrainement au-dessous des racines du gazon ou même dans les fissures de la roche sous-jacente. Puis, quand viennent les premières chaleurs de l'année, la neige se fond rapidement en eau pour gonfler les ruisselets cachés, et l'herbe que l'on dirait torréfiée par un incendie, reparaît à la lumière et verdoie de nouveau.

Si la montagne était fracturée de lézardes profondes, les eaux s'engouffreraient dans ces fentes et ne rejailliraient que bien loin dans la plaine, ou même elles ne ressortiraient point de la terre ; mais non, la roche est compacte et fendillée seulement à la surface, l'eau courante ne s'y enfonce pas, et voici que, tout à coup, dans une dépression du sol, on la voit surgir en petits bouillons qui soulèvent les paillettes du sable fin et balancent mollement les feuilles vertes du cresson. Certes, elle est peu abondante, la jeune source, surtout pendant les chaleurs de l'été, alors qu'il ne reste plus dans le sol que l'humidité des pluies et des brouillards; en se couchant par terre pour boire à la fontaine même, on la voit diminuer sous ses lèvres; mais la vasque du ruisselet, à demi tarie, se remplit aussitôt, et son eau pure déborde sur le pente des pâturages pour commencer son grand voyage dans le monde extérieur.

La plus haute source et le gazon qui l'entoure, c'est là, sur toutes les montagnes, le lieu délicieux par excellence! On se trouve sur la limite entre les deux mondes; d'un côté, par delà les promontoires boisés, se montre la riche vallée avec ses cultures, ses maisons, ses eaux paisibles, et la brume indistincte qui pèse au loin sur la ville; de l'autre côté, s'étendent les pâturages solitaires et le pic baigné dans la bleue profondeur des cieux. L'air est fortifiant et léger; on plane de haut dans l'espace, et quand on voit au loin l'aigle porté sur ses fortes ailes, ou se demande presque si l'on ne pourrait comme lui voler au-dessus des campagnes et des collines, en laissant tomber de haut sa vue sur les petites œuvres des hommes. Que de fois, bien plus encore pour la volupté de voir que pour la douceur du repos, je me suis accoudé près de la source de la

II

LE RUISSELET S'ÉLANCE EN CASCATELLE.

montagne, en reportant mes regards de la discrète fontaine à ce grand monde inférieur qui se perdait au loin dans le cercle infini de l'horizon !

De la vasque de la source s'épanche un petit filet d'eau qui, çà et là, disparaît dans une rainure du sol entre les touffes de gazon ; il se montre et se cache tour à tour : on dirait une série de fontaines superposées. A chaque nouvel élan, le ruisselet prend une autre physionomie ; il se heurte sur une saillie de rocher et rebondit en paraboles de perles ; il s'égare entre les pierres, puis s'étale dans un bassin sablonneux ; ensuite, il s'élance en cascatelle et baigne les herbes de ses gouttes éparses. D'autres sources, venues de droite et de gauche, se mêlent au filet principal, et bientôt la masse liquide est assez abondante pour couler sans cesse à la surface ; quand elle arrive sur une roche inclinée, elle s'étale largement en une vaste nappe, que l'on peut même voir de la plaine à des kilomètres de distance. Cette eau glissante, qui brille au soleil, apparaît de loin comme une grande plaque de métal.

Descendant, descendant toujours, le ruisseau, qui grossit incessamment, devient aussi plus tapageur : près de la source, il murmurait à peine ; même, en certains endroits, il fallait coller son oreille contre terre pour entendre le frémissement de l'eau contre ses rives et la plainte des brins d'herbe froissés; mais voici que le petit courant parle d'une voix claire, puis il se fait bruyant, et, quand il bondit en rapides et s'élance en cascatelles, son fracas réveille déjà les échos des roches et de la forêt. Plus bas encore, ses cascades s'écroulent avec un bruit tonnant, et même, dans les parties de son cours où son lit est presque horizontal, le ruisseau mugit et gronde contre les saillies des berges et du fond. Il ne poussait d'abord que de petits grains de sable, puis, devenu plus vigoureux, il mettait en mouvement des cailloux; maintenant il roule dans son lit des blocs de pierre qui s'entre-choquent avec un sourd fracas, il mine à la base les parois de rocher qui le bordent, fait ébouler les terres et les pierrailles et déracine parfois les arbres qui l'ombragent.

Ainsi, le filet liquide presque imperceptible s'est changé en ruisselet, puis en vrai ruisseau. Il se grossit d'un nouveau cours d'eau à l'issue de chacun des vallons tributaires, et bruyant, impétueux, il échappe enfin à ses défilés des montagnes pour couler avec plus de lenteur et de calme dans une large vallée que dominent seulement des coteaux arrondis. L'intrépide marcheur qui l'a suivi dans la partie supérieure, depuis la haute source des pâturages jusqu'à l'uniforme surface de la vallée, a vu, durant sa course de descente, çà et là dangereuse, les plus brusques inégalités du sol, les différences de pente les plus soudaines. Aux « plans » où l'eau semble s'endormir succèdent les précipices perpendiculaires d'où elle s'élance avec fureur; abîmes, déclivités plus ou moins fortes, surfaces horizontales alternent sans ordre apparent, et cependant lorsque le géographe, négligeant les détails, calcule et trace sur le papier la courbe décrite par le ruisseau jusqu'à la verdoyante vallée, il trouve que cette ligne est d'une régularité presque parfaite : le torrent, travaillant sans relâche à se creuser un lit à son gré, abattant les saillies, emplissant de sables et d'argile les petits creux de la roche, a fini par se développer en une parabole régulière, analogue à celle d'un char descendant du haut d'une montagne russe.

CHAPITRE IV

LA GROTTE

Au-dessous d'un promontoire à la base escarpée, à la cime arrondie et revêtue de grands arbres, le torrent de la montagne vient se heurter contre un autre ruisseau, presque aussi abondant et lancé comme lui sur une pente très inclinée. Les eaux de l'affluent, qui se mêlent à celles du courant principal en larges tourbillons bordés d'écume, sont d'une pureté cristalline; aucune molécule d'argile n'en trouble la transparence, et, sur le fond de roc nu, ne glisse pas même un grain de sable. C'est que le flot n'a pas encore eu le temps de se salir en démolissant ses berges et en se mêlant aux boues qui suintent du sol ; il vient de jaillir du sein même de la colline et, tel qu'il coulait dans son lit ténébreux de rochers tel il bondit maintenant sous la lumière joyeuse.

La grotte d'où jaillit le ruisseau n'est pas éloignée du confluent : à peine a-t-on fait quelques pas, et déjà l'on voit, à travers le branchage entre-croisé, la porte énorme et noire qui donne accès dans le temple souterrain. Le seuil en est recouvert par l'eau qui s'épanche en rapides sur les blocs entassés ; mais, en sautant de pierre en pierre, on peut entrer dans la caverne et gagner à côté du courant une étroite et glissante corniche où l'on se hasarde, non sans danger.

Quelques pas ont suffi, et l'on est déjà transporté dans un autre monde. On se sent tout à coup saisi par le froid et par un froid humide ; l'air stagnant, où les rayons bienaimés du soleil ne pénètrent jamais, a je ne sais quoi d'aigre, comme s'il ne devait pas être aspiré par des poumons humains ; la voix de l'eau se répercute en longs échos dans les cavités sonores, et l'on croirait entendre les roches elles-mêmes pousser des clameurs, les unes retentissant au loin, les autres sourdes et glissant comme des soupirs dans les galeries. Tous les objets prennent des proportions fantastiques : le moindre trou que l'on voit s'ouvrir dans la pierre semble un abîme, le pendentif qui s'abaisse de la voûte a l'apparence d'une montagne renversée, les concrétions calcaires

III

LE PAYSAGE APPARAIT ENTRE LES SOMBRES PAROIS.

entrevues çà et là prennent l'aspect de monstres énormes ; une chauve-souris qui s'envole nous donne un frisson d'horreur. Ce n'est point là le palais fantastique et splendide que nous décrit le poète arabe des *Mille et une Nuits;* c'est au contraire un antre sombre et sinistre, un lieu terrible. Nous le sentirons surtout si, pour jouir en artiste de la sensation d'effroi qui saisit même l'homme brave à son entrée dans les cavernes, nous osons y pénétrer sans guide et sans compagnons : privés de l'émulation que donne la société d'amis, de l'amour-propre qui force à prendre une attitude audacieuse, de l'enivrement factice que produisent les exclamations, les échos des voix, la lueur des torches nombreuses, nous n'osons plus marcher qu'avec le saint effroi du Grec entrant dans les enfers. De temps en temps nous jetons les regards en arrière pour revoir la douce lumière du jour. Comme un cadre, le paysage vaporeux et souriant de lumière apparaît entre les sombres parois, frangées, à l'entrée, de lierre et de vigne vierge.

Mais le faisceau lumineux diminue graduellement à mesure que nous avançons : soudain, une saillie de rocher nous le cache, et seulement quelques lueurs blafardes s'égarent encore sur les piliers et les murs de la caverne; bientôt même, nous entrons dans le noir sans fond des ténèbres, et pour nous guider nous n'avons plus que la lueur incertaine et capricieuse des torches. Le voyage est pénible et semble long à cause de l'horreur de l'inconnu qui remplit les gouffres et les galeries. Çà et là on ne peut avancer qu'avec la plus grande peine : il faut entrer dans le lit du ruisseau et se tenir en équilibre sur les pierres gluantes; plus loin, la voûte s'abaisse par une courbe soudaine et ne laisse plus qu'un étroit passage dans lequel il faut se glisser en rampant ; on en sort souillé de boue, et l'on vient se heurter sur des rochers aux étroites corniches que l'on escalade en tremblant. Les salles aux voûtes immenses succèdent aux défilés, et les défilés aux salles; des amas de blocs tombés du plafond se dressent en monticules au milieu de l'eau. Le ruisselet, toujours divers et changeant, bondit ici sur les roches; ailleurs, il s'étend en une lagune tranquille, que trouble seulement la chute des gouttelettes tombées des fissures de la voûte. Plus haut, il est caché sous une assise de pierre, on n'en entend plus même le bruit ; mais, à un détour soudain, il se montre de nouveau, sautillant et rapide, jusqu'à ce qu'enfin on arrive devant une ouverture étroite d'où l'eau s'échappe en cascade comme de la bouche d'un canon. C'est là que s'arrête forcément notre voyage le long du ruisseau.

Toutefois, la grotte se ramifie à l'infini dans les profondeurs de la montagne. A droite, à gauche, s'ouvrent, comme des gueules de monstres, les noires avenues des galeries latérales. Tandis que dans le libre vallon, le ruisseau, coulant sans cesse à la lumière, a successivement démoli et déblayé les couches de pierre qui remplissaient autrefois l'énorme espace laissé vide entre les deux arêtes parallèles des monts, l'eau des cavernes, qui s'attaquait à des roches dures, mais en se servant de l'acide carbonique pour les dissoudre et les forer peu à peu, s'est creusé çà et là des galeries, des bassins, des tunnels, sans faire crouler les assises de l'immense édifice. Sur des centaines de mètres en hauteur et des lieues de longueur, la masse des rochers est percée dans tous les sens par d'anciens lits que le ruisseau s'est frayés, puis qu'il a délaissés après avoir trouvé quelque nouvelle issue : les salles sont superposées aux défilés et les défilés aux salles ; des cheminées, évidées dans le roc par d'antiques cascades, s'ouvrent au plafond des voûtes ; on s'arrête avec horreur au bord de ces puits sinistres où les pierres qui s'engouffrent ne laissent entendre le bruit de leur chute qu'après des secondes et des secondes d'attente. Malheur à celui qui s'égarerait dans le labyrinthe infini des grottes parallèles et ramifiées, ascendantes et descendantes : il ne lui resterait plus qu'à s'asseoir sur un banc de stalagmites, à regarder sa torche qui s'éteint et à s'éteindre doucement lui-même, s'il a la force de mourir sans désespoir.

Et pourtant ces cavernes sombres, où, même en compagnie d'un guide et sous les reflets lointains du jour, nous avons la poitrine serrée par une sorte de terreur, c'étaient les retraites de nos ancêtres. Dans notre révérence du passé, nous nous rendons en pèlerinage aux ruines des villes mortes et nous contemplons avec émotion d'uniformes tas de pierres, car nous savons que sous ces débris gisent les ossements d'hommes qui ont travaillé comme nous et souffert pour nous, amassant péniblement dans la misère et dans les combats ce précieux héritage d'expériences qui est l'histoire. Mais si la reconnaissance envers les générations des anciens jours n'est pas un vain sentiment, avec combien plus de respect encore nous faut-il parcourir ces cavernes où vivaient nos premiers aïeux, les barbares initiateurs de toute civilisation ! En cherchant bien dans la grotte, en fouillant les dépôts calcaires, nous pouvons retrouver les cendres et les charbons de l'antique foyer où se groupait la famille naissante; à côté sont des os rongés, débris des festins qui ont eu lieu à des dizaines ou à des centaines de milliers d'années; puis, dans un coin, gisent les squelettes des festoyants eux-mêmes entourés de leurs armes de pierre, haches, massues et javelots. Sans doute, parmi ces restes humains mêlés à ceux des rhinocéros, des hyènes et des ours, aucun n'enfermait le cerveau d'un Eschyle ou d'un Hipparque; mais Hipparque ni Eschyle n'eussent existé si les premiers troglodytes, divinisés par les Grecs sous les traits d'Hercule, n'avaient d'abord conquis le feu sur le tonnerre ou sur le volcan, s'ils n'avaient taillé des armes pour nettoyer la terre de ses monstres, et s'ils n'avaient ainsi, par une immense bataille qui dura des siècles et des siècles, préparé pour leurs descendants les heures de répit pendant lesquelles s'élabore la pensée.

Rude était le labeur de ces ancêtres; pleine de terreurs était leur vie : sortis de la grotte pour aller à la recherche du gibier, ils rampaient à travers les herbes et les racines afin de surprendre leur proie, ils se battaient corps à corps avec les bêtes féroces; parfois aussi, ils avaient à lutter contre d'autres hommes, forts et agiles comme eux; la nuit, craignant la surprise, ils veillaient à l'entrée des cavernes pour lancer le cri d'alarme à l'apparition de l'ennemi et donner le temps à leurs familles de s'enfuir dans le dédale des galeries supérieures. Cependant, ils devaient, eux aussi, avoir leurs moments de repos et de joie. Quand ils revenaient de la chasse ou de la bataille, ils prenaient plaisir à reconnaître le fracas du ruisseau et la plainte de la goutte qui tombe; comme le bûcheron retrouvant sa cabane, ils regardaient avec piété ces piliers à l'ombre desquels reposaient leurs femmes et ces lits de pierre où leurs enfants étaient nés. Quant à ceux-ci, ils couraient et gambadaient le long du ruisseau souterrain, dans les lacs glacés, sous la douche des cascades; ils jouaient à se cacher dans les corridors de la grotte comme nous aujourd'hui dans les avenues des forêts; peut-être, dans leurs prouesses joyeuses, grimpaient-ils aux parois pour y saisir les chauves-souris dans ces grappes noires et grouillantes suspendues à la voûte.

Certes, nous n'osons point dire que de nos jours la vie est devenue moins pénible pour tous les hommes. Des multitudes d'entre nous, déshérités encore, vivent dans les égouts sortis des palais de leurs frères plus heureux; des milliers et des millions d'individus parmi les civilisés habitent des caves et des réduits humides, grottes artificielles bien plus insalubres que ne le sont les cavernes naturelles où se réfugiaient nos ancêtres. Mais, si nous considérons la situation dans son ensemble, il nous faut reconnaître combien grands sont les progrès accomplis. L'air, la lumière entrent dans la plupart de nos demeures; le soleil y projette par les fenêtres ses faisceaux de rayons; à travers les arbres qui se penchent, nous voyons briller de loin les perles liquides du ruisseau; l'espace appartient à notre regard jusqu'à l'immense horizon. Il est vrai, le mineur habite pendant la plus longue part de sa vie les galeries souterraines qu'il a creusées lui-même, mais ces ombres terribles, d'où suinte le feu grisou, ne sont point sa patrie; s'il y travaille, sa pensée est ailleurs, là-haut sur la terre joyeuse, au bord du frais ruisseau qui gazouille dans les prairies et sous les aunes.

Parfois, quand on nous raconte les guerres lointaines, d'effrayants épisodes nous rappellent quelle était la vie de nos ancêtres troglodytes, quelle serait la nôtre s'ils ne nous avaient préparé des jours plus heureux que les leurs. Des tribus poursuivies se sont réfugiées dans la caverne qui servait de demeure commune à leurs aïeux, et ceux qui les traquaient, barbares ou prétendus civilisés, noirs ou blancs, vêtus de peaux de bêtes ou d'uniformes brodés de décorations, n'ont trouvé rien de mieux que d'enfumer les fuyards en allumant de grands feux à l'entrée de la grotte. Ailleurs, les malheureux enfermés ont dû se repaître les uns des autres, puis mourir de faim en essayant de ronger quelque reste d'ossement. Par centaines, les cadavres sont restés étendus sur le sol, et, pendant de longues années, on a pu voir grimacer leurs squelettes, avant que l'eau tombée des voûtes ne les eût cachés sous un manteau de blancs stalagmites. Symbole du temps qui modifie toutes choses, la goutte, chargée de la pierre qu'elle a dissoute, fait disparaître peu à peu les traces de nos crimes.

Les grottes elles-mêmes cessent d'exister par l'action du temps. La pluie qui tombe sur les montagnes et pénètre dans les étroites fissures de la roche se charge constamment de molécules calcaires. Quand, après un voyage plus ou moins long, elle vient trembler en gouttelettes à la voûte des cavernes, une partie du liquide s'évapore dans l'air, et une petite pellicule de pierre, allongée comme la goutte qui la tenait en dissolution, se suspend au rocher. Une autre gouttelette dépose une deuxième écorce sur la première, puis il s'en forme une troisième et des milliers et des millions à l'infini. Comme des arbres de pierre, les stalactites croissent par couches concentriques durcissant peu à peu. Au-dessous d'elles, sur le sol de la grotte, l'eau tombée s'évapore également, laisse à sa place d'autres concrétions calcaires qui, de feuillet en feuillet, s'élèvent par degrés vers la voûte. A la longue, les pendentifs d'en haut et les cônes d'en bas finissent par se rejoindre; ils deviennent des piliers, puis s'étalent en murs dans toute la largeur de la galerie, et la grotte obstruée se trouve partagée en une série de salles distinctes. Dans l'intérieur de la montagne, les suintements et les filets d'eau qui s'associent pour former le ruisseau accomplissent ainsi deux travaux inverses : d'un côté, ils élargissent les fissures, percent les roches, se creusent de larges lits; de l'autre, ils referment les fentes de la montagne, posent des colonnes sous les voûtes, et remplissent de pierre les énormes vides qu'ils ont eux-mêmes forés des milliers d'années auparavant.

D'ailleurs, les stalactites, comme toutes choses dans la nature, varient à l'infini, suivant la forme des grottes, la disposition des fissures, l'abondance plus ou moins grande des gouttes qui déposent les enduits calcaires. Malgré l'horreur des ténèbres qui les emplissent, des multitudes de cavernes sont ainsi changées en de merveilleux palais souterrains. Des rideaux de pierre aux innombrables plis, çà et là colorés par l'ocre en rouge et en jaune, se déploient comme des draperies aux portes des salles; à l'intérieur se succèdent jusqu'à perte de vue les colonnes aux soubassements et aux chapiteaux ornés de reliefs bizarres ; des monstres, chimères et griffons, se tordent en groupes fantastiques dans les nefs latérales ; de hautes statues de dieux se dressent isolées, et parfois, à la lueur des torches, on dirait que leur regard s'anime et que, d'un geste terrible, leur bras s'étend vers vous. Ces draperies de pierre, ces colonnades, ces groupes d'animaux, ces figures d'hommes ou de dieux, c'est l'eau qui les sculpte, et chaque jour, chaque seconde, elle est à l'œuvre pour ajouter quelque trait gracieux à l'immense architecture.

CHAPITRE V

LE GOUFFRE

Non loin de la caverne, grand laboratoire de la nature où l'on voit un ruisselet se former goutte à goutte, s'ouvre un vallon tranquille au fond duquel jaillit une autre source. C'est aussi du rocher qu'elle sort; mais ce rocher ne se dresse point à pic comme celui de la grande caverne; il s'est affaissé à la suite de quelque écroulement; du gazon, des plantes sauvages, quelques arbres croissent sur ses pentes; à sa base, autour de la claire fontaine, se sont assemblés de grands arbres dont le branchage entremêlé se balance d'un même mouvement harmonieux et rythmé, sous la pression de la brise. Tout est calme et charmant dans ce petit recoin de l'univers. Le bassin est transparent, presque sans rides, et l'eau, sortie d'une arcade de quelques pouces de hauteur, s'y épanche sans bruit.

Penché sur cette eau qui scintille au soleil, je cherche à pénétrer du regard l'ombre d'où elle jaillit, et j'envie la petite araignée d'eau qui s'élance en patinant et va fureter dans le creux du rocher. A l'entrée, je vois encore quelques saillies du fond, des cailloux blancs, un peu de sable qui se meut lentement sous le flot rapide; plus loin, je distingue les plissements des vaguelettes et les petites colonnes de pierre qui supportent la voûte; éclairées vaguement par le reflet des rayons égarés, elles paraissent trembloter dans l'ombre : on dirait qu'un réseau de soie flotte sur elles en légères ondulations. Au delà tout est noir; le ruisseau souterrain ne se révèle que par son murmure étouffé. Quelles sont les sinuosités de l'eau par delà le détour où le premier reflet de lumière vient la caresser? Ces courbes du ruisseau, je cherche à les retrouver par l'imagination. Dans mes rêves d'homme éveillé, je me fais tout petit, haut de quelques pouces à peine, comme le gnome des légendes, et, sautant de pierre en pierre, m'insinuant au-dessous des protubérances de la voûte, je dépasse tous les confluents des ruisselets en miniature, je remonte les imperceptibles filets d'eau, jusqu'à ce que, devenu moi-même un simple atome, j'arrive enfin à l'endroit où la première gouttelette suinte à travers le rocher.

Pourtant, sans nous transformer en génies, comme le faisaient nos pères aux temps de la fable, nous pouvons, en nous promenant au milieu de la campagne, reconnaître à la surface du sol des indices qui révèlent le cours de notre ruisseau caché. Un sentier tortueux qui commence au bord de la source monte sur le flanc de la colline en contournant les troncs des arbres, puis disparaît sous l'herbe dans un pli du terrain, et gagne le plateau couvert de champs de blé. Bien souvent, quand j'étais un écolier sauvage, je montais à la course, puis je redescendais ce sentier en quelques bonds; parfois aussi, je m'aventurais à une certaine distance sur le plateau jusqu'à perdre de vue le bosquet de la source; mais à un angle du chemin, je m'arrêtais court, n'osant aller plus avant. A mes côtés, je voyais s'ouvrir un abîme en forme d'entonnoir rempli de broussailles et de ronces entremêlées. De grosses pierres, jetées par les passants ou bien entraînées sur la déclivité par les fortes pluies, pesaient çà et là sur le feuillage poudreux et meurtri; au fond, se croisaient quelques rameaux; mais, entre leurs feuilles vertes, je distinguais le noir effrayant d'un gouffre. Un bruit sourd s'en échappait incessamment comme la plainte d'un animal enfermé.

Aujourd'hui, j'aime à revoir le « Grand-Trou »; je me hasarde même à y descendre, au risque d'effrayer les couleuvres qui déroulent prestement leur anneaux entre les pierres; mais jadis, avec quelle terreur, nous tous petits enfants, nous regardions ce puits sinistre au bord duquel venait s'arrêter la charrue! Un soir, par un beau clair de lune, il me fallut, seul, passer près de l'endroit fatal. J'en frissonne encore : le gouffre me regardait, il m'attirait, mes genoux ployaient sous l'effort et les tiges des arbustes s'avançaient comme des bras pour m'entraîner dans l'ouverture béante. Je passai pourtant en frappant bruyamment de mes talons le sol caverneux; mais, derrière moi, un long géant fait de vapeurs surgit tout à coup : il se pencha pour me saisir, et le murmure de l'abîme me poursuivit comme un rire de haine et de triomphe.

Ce gouffre, je le sais maintenant, c'est un soupirail ouvert au-dessus du ruisseau, et le bruit sourd qui s'en échappe est l'écho lointain de l'eau clapotant contre les pierres. A une époque inconnue, même avant que les premiers documents de propriété n'eussent été rédigés par les notaires du pays, une des assises de rochers qui recouvrent la vallée souterraine s'était effondrée dans le lit du ruisseau, puis les terres, manquant de base, avaient été graduellement entraînées vers la plaine ; peu à peu le Grand-Trou s'était creusé, et les pluies, courant le long de ses pentes, lui avaient donné la forme d'un entonnoir à peu près régulier. Les paysans des environs, qui pensent toujours à leurs récoltes, l'appellent le « Boit-tout », parce qu'il boit en effet toutes les pluies, toutes les averses qui pourraient fertiliser leurs champs. L'eau surabondante, tombée sur le plateau, s'épanche dans le trou en filets jaune d'argile pour reparaître ensuite dans la source, dont elle trouble pendant quelques heures la pureté de cristal.

Le gouffre, qui m'effrayait tant dans mon enfance, n'est pas le seul qui se soit ouvert au-dessus des galeries profondes. En suivant la partie la plus basse d'une sorte de plissement du sol dans le plateau, on passe à côté de plusieurs autres cavités, qui indiquent aux promeneurs le cours souterrain des eaux. Ils diffèrent tous de forme et de grandeur. Les uns sont d'énormes puisards où des fleuves disparaîtraient en cataractes, les autres sont de simples affaissements du sol, charmants petits nids bien tapissés de gazon, où l'on aime à se chauffer au soleil par les belles journées d'automne, sans crainte du vent déjà froid qui passe en sifflant sur les herbes frissonnantes du plateau. Quelques-uns de ces trous s'obstruent et se comblent graduellement ; mais il en est aussi que nous voyons se creuser et qui, chaque année, s'approfondissent sous nos yeux. Telle étroite ouverture, qui nous semblait une retraite de serpent et dans laquelle, de crainte d'être mordus, nous n'osions mettre le bras, était un commencement d'abîme : les pluies et les écroulements intérieurs l'ont élargie d'année en année ; c'est maintenant un précipice aux flancs d'argile rouge, raviné par les averses.

De ces puits naturels, le plus pittoresque est précisément le plus éloigné de la source. En cet endroit, le plateau, devenu plus inégal, s'arrête brusquement au pied d'une muraille rocheuse, de l'autre côté de laquelle s'ouvre une vallée déversant ses eaux dans un fleuve éloigné. Les rochers dressent haut en plein ciel leurs beaux frontons dorés par la lumière, mais leur base est cachée par un bosquet de chênes et de châtaigniers ; grâce à la verdure et à la variété du feuillage, le contraste trop dur que formerait l'abrupte paroi des rochers avec la surface horizontale du plateau se trouve adouci. C'est au plus épais de ce bosquet que s'ouvre le grand abîme. Sur ses bords, quelques arbustes inclinent leurs tiges vers la trouée d'azur ouverte entre les longues branches des chênes; seulement un bouleau laisse retomber au-dessus du gouffre ses rameaux délicats. Il faut prendre garde ici, car le sol se dérobe soudain et le puits n'a point de margelle comme ceux que creusent les ingénieurs! Nous nous avançons en rampant, puis, couchés sur le ventre, appuyés sur nos mains, nous plongeons du regard dans le vide. Les murs du gouffre circulaire, çà et là noircis par l'humidité qui suinte à travers la roche, descendent verticalement; à peine quelques corniches inégales se projettent-elles en dehors des parois. Des touffes de fougères, des scolopendres jaillissent des anfractuosités les plus hautes; mais, au-dessous, la végétation disparaît, à moins qu'une plaque rouge entrevue là-bas dans l'ombre, sur une saillie du roc, ne soit une traînée d'algues infiniment petites. Au fond, tout n'est d'abord que ténèbres; mais nos yeux s'accoutument peu à peu à l'obscurité, et nous distinguons maintenant une nappe d'eau claire sur un lit de sable.

Du reste, on peut descendre dans le puits, et je suis même de ceux qui se sont donné ce plaisir. Certes, l'aventure offre un certain agrément, puisqu'elle est un voyage d'exploration; mais en elle-même, elle n'a rien de fort séduisant, et nul de ceux qui ont fait cette descente aux enfers ne tient beaucoup à la renouveler. Une longue corde, prêtée par les paysans des environs, est attachée solidement à un tronc de chêne, et, plongeant jusqu'au fond du gouffre, oscille doucement sous l'impulsion du filet d'eau dans lequel trempe l'extrémité libre. Le voyageur aérien saisit fortement la corde à la fois des mains, des genoux et des pieds et se laisse glisser avec lenteur dans la bouche ténébreuse du puits. Malheureusement, la descente n'est pas toujours facile : on tournoie sur soi-même avec la corde, on s'embarrasse dans les touffes de fougères, que brise le poids du corps, on se heurte maintes fois contre la roche hérissée d'aspérités et l'on essuie de ses vêtements l'eau glacée qui suinte des failles de la paroi. Enfin on aborde sur une corniche, puis, après s'être reposé un instant pour reprendre l'haleine et l'équilibre, on se lance de nouveau dans le vide, et bientôt on débarque sur le fond solide.

Je me rappelle sans joie mon séjour de quelques instants dans le gouffre. J'avais les pieds dans l'eau; l'air était humide et froid; la roche était couverte d'une sorte de pâte gluante consistant en argile délayée; une ombre sinistre m'entourait; je ne sais quelle lueur blafarde, vague reflet du jour, me

IV

LE VOYAGEUR AÉRIEN SE LAISSE GLISSER.

révélait seulement quelques formes indécises, une grotte, des pendentifs bizarres, un large pilier. Malgré moi, mes yeux se reportaient vers la zone éclatante qui s'arrondissait au-dessus du gouffre; je regardais avec amour la guirlande de verdure qui s'épanouissait à la marge du puits, les grandes branches au feuillage étalé que doraient joyeusement les rayons, et les oiseaux lointains planant en liberté dans le ciel bleu. J'avais hâte de revoir la lumière; je poussai le cri d'appel, et mes compagnons me hissèrent hors du trou, tandis que je les aidais en poussant de mon pied les saillies de la roche.

Naïf jeune homme, je me considérais comme une sorte de héros pour avoir opéré ma petite descente aux enfers, à trente mètres de profondeur à peine; je cherchais dans ma tête quelques rimes sur le poète qui se hasarde au fond des abîmes pour y surprendre le sourire d'une nymphe emprisonnée, et je ne songeais pas aux vrais héros, à ces intrépides mineurs qui, sans jamais réciter de vers sur leurs entrevues hardies avec les divinités souterraines, conversent avec elles pendant des journées et des semaines entières! Ce sont eux qui connaissent bien le mystère des eaux cachées. A côté de leurs têtes, la gouttelette, suspendue aux stalactites de la voûte, brille comme un diamant à l'éclat des lampes, puis tombe dans une flaque et rejaillit avec un bruit sec, répercuté au loin dans les galeries retentissantes. Des ruisselets, formés de tous ces suintements de gouttes, coulent sous leurs pieds et se déversent de rigole en rigole jusque dans le bassin de réception, où la machine à vapeur, semblable à un colosse enchaîné, plonge alternativement ses deux grands bras de fer, en gémissant à chaque effort. Au bruit des eaux de la mine se mêle parfois le sourd grondement des eaux extérieures, qu'un coup de pioche malheureux pourrait faire s'écrouler en déluge dans les galeries. Il est même des mineurs qui n'ont pas craint de pousser leurs travaux de sape jusqu'au-dessous de la mer et qui ne cessent d'entendre le terrible Océan rouler des blocs de granit sur la voûte qui les abrite. Pendant les jours d'orage, c'est à quelques mètres d'eux que les navires viennent se fracasser contre les falaises.

CHAPITRE VI

LE RAVIN

En descendant le cours du ruisseau, dans lequel viennent s'unir le torrent tapageur de la montagne, le ruisselet de la caverne, l'eau paisible de la source, nous voyons, à droite et à gauche, vallon succéder à vallon, et chacun d'eux, différent des autres par la nature de ses terrains, par la pente, l'aspect général, la végétation, se distingue aussi par la quantité des eaux qu'il apporte au lit commun de la vallée.

Presque en face d'un torrent babillard qui bondit avec joie de pierre en pierre pour se mêler à la masse déjà considérable du ruisseau, s'ouvre un ravin très incliné, le plus souvent à sec. Il est probable que ce ravin, creusé dans un sol poreux, est superposé à un lit souterrain où [coule un ruisseau permanent; mais il n'est lui-même parcouru des eaux qu'après les averses d'orage ou les longues pluies. Comme tous les vallons latéraux, il est tributaire de la vallée centrale, mais tributaire intermittent. D'ailleurs, il est d'autant plus curieux à visiter, car, en se promenant sur le lit desséché, on peut étudier tout à son aise l'action de l'eau courante.

Un petit sentier, que les sillons du laboureur détruisent chaque automne et que le pied des passants ne tarde pas à tracer de nouveau, serpente à côté de la berge du ravin. Il est vrai que des branches de buisson, plantées par le propriétaire jaloux, défendent le passage ; mais ces broussailles, humble simulacre du redoutable dieu Terme, n'ont rien qui terrifie les paysans des environs, et le chemin, frayé sans doute pour la première fois par les hommes de l'âge de pierre, ne cesse de se reformer d'année en année. Il serait donc facile de remonter le ravin dans toute sa longueur sans avoir à se servir de ses mains pour une seule escalade ; toutefois, celui qui aime la nature de près méprise le sentier battu et se glisse avec joie dans l'étroit espace ouvert entre les berges. Dès les premiers pas, il se trouve comme séparé du monde. En arrière, un détour de la gorge lui cache le ruisseau et les prairies qu'il arrose; en avant, l'horizon est brusquement limité par une série de gradins d'où l'eau, quand il en coule, descend en cascatelles; au-dessus, les branches des arbres qui bordent le défilé se recourbent et s'entre-croisent en voûte; les bruits du dehors ne pénètrent pas dans cette sauvage allée presque souterraine.

C'est une grande joie de se retrouver ainsi dans la nature inviolée, à quelques pas des champs labourés en sillons parallèles, et d'être obligé de se frayer un chemin à travers rochers et broussailles, non loin de l'honnête bourgeois qui se promène avec placidité, contemplant ses récoltes. A chaque détour du tortueux ravin, l'inclinaison et la forme du lit changent brusquement : défilés et bassins se succèdent en contrastant de la manière la plus étrange. En amont d'un petit fourré d'arbustes entremêlés de ronces que l'eau envahit seulement dans ses plus fortes crues, s'étend une prairie en miniature, large de quelques mètres et fréquemment noyée par des inondations d'une heure. Autour de la prairie et du fourré se développe en demi-cercle une plage de sable blanc dont tous les matériaux, ténus ou grossiers, se sont déposés en ordre suivant la force du courant qui les entraînait. Le modeste lit fluvial, d'où l'eau a disparu, est encore tel que l'a modelé le torrent éphémère, et révèle d'autant mieux les lois de sa formation que plus une seule flaque d'eau ne le recouvre. Une sorte de fosse, remplie de vase e de feuilles en décomposition, montre qu'en cet endroit le ruisseau était tranquille et presque sans courant; plus loin, le lit est à peine creusé, à cause de la rapidité de l'eau qui fuyait sur la forte pente; ailleurs, les arêtes parallèles d'assises rocheuses traversent obliquement le fond d'une rive à l'autre, formant autant de petits barrages sur lesquels le flot se brisait en vaguelettes. Un gros bloc de pierre a détourné le cours du ruisselet, qui s'est rejeté vers la berge par un brusque méandre et s'y est graduellement creusé un lit à sa taille; plus haut, des branches entraînées, des herbes, quelques pierres ont servi de point d'appui à la formation d'un ou de plusieurs îlots, qu'entourent des lits sinueux, remplis de sable d'une blancheur éclatante. A dix pas de là, l'aspect du ravin est encore changé. Là, le fond n'est plus qu'une rainure sciée par l'eau dans une dure argile presque rocheuse; c'est à grand'peine si je parviens à passer dans le défilé en m'accrochant à quelques branches qui se balancent au-dessus de ma tête. Le filet ou la colonne liquide qui, suivant la force du ruisseau temporaire, murmure doucement ou gronde avec fracas dans l'étroit corridor, a glissé en rapides par une succession de degrés, puis, au pied de la chute, elle a excavé une sorte de cuve, large bassin où les pierres roulées tournoyaient sous la pression des eaux. Après avoir dépassé le défilé, je trouve encore ce qui fut autrefois des îles, des méandres, des rapides, des cascades; je vois même jusqu'à des sources épuisées maintenant et reconnaissables à l'humidité du sable et des fissures rocheuses. Le rebord d'où s'élance une des cascades est formé par deux racines entre-croisées, engagées seulement par un côté dans l'épaisseur de l'argile.

Ce ravin, dans lequel nous pénétrons avec tant de bonheur pour y contempler en un étroit espace le tableau de la nature libre, et pour échapper à l'ennui de cultures monotones et barbares, une multitude d'animaux et de bestioles, réfractaires comme nous, s'y glissent afin d'y trouver un abri contre l'homme, le grand persécuteur; malheureusement, l'âpre chasseur les suit aussi dans cette retraite, en dépit des ronces et des racines. Des terres fraîchement remuées, des trous noirs ouverts dans les berges nous révèlent les cachettes des lapins et des renards; à notre approche, les couleuvres enroulées développent prestement leurs anneaux et disparaissent dans les fourrés; des lézards, plus rapides, s'échappent en faisant bruire les feuilles tombées ; les insectes sautillent sur le sable et se balancent aux herbes ; on entrevoit des nids d'oiseaux dans l'épaisseur des broussailles : tout un monde de fugitifs est dans cet asile, où il trouve à la fois la nourriture et l'abri.

C'est qu'en effet, dans ce petit ravin, large de quelques mètres à peine, la végétation est des plus variées ; une multitude de plantes, d'origine et d'attitude diverses, s'y rencontrent, tandis que, dans les champs voisins, l'uniformité du terrain de labour laisse germer seulement, outre les semences jetées par le cultivateur, les graines de quatre ou cinq « mauvaises herbes », banal ornement de tous les sillons. Dans cette étroite fissure, invisible de loin, sauf par la verdure de ses bords, toutes les qualités du sol, tous les contrastes de sécheresse et d'humidité, toutes les différences d'ombre et d'insolation sont brusquement juxtaposés, et par suite nombre de plantes, bannies des vulgaires terrains de culture, trouvent dans ce coin respecté par l'homme un milieu propice où elles se développent avec joie. Le sable tamisé par les eaux a ses herbes spéciales, de même que les amas de cailloux éboulés et l'argile ocreuse et les interstices de la roche dure. Les terres végétales, mélangées en diverses proportions, ont aussi leur flore ou leur florule; la pente rapide exposée au soleil du midi est revêtue d'herbes et d'arbustes qui se plaisent dans un terrain sec; le fond humide, où ne darde jamais un rayon de soleil, a tout une autre végétation; la vase où l'eau séjourne encore se distingue aussi dans ce monde végétal par des représentants qui lui sont propres.

Et pourtant, nul désordre dans cette étonnante diversité! Au contraire, les plantes groupées librement, suivant leurs affinités secrètes et la nature du terrain qui les porte, constituent par leur ensemble un spectacle emplissant l'âme d'une impression singulière d'harmonie et de paix. Là, rien d'artificiel ni d'imposé comme dans un régiment de soldats au geste mécanique, au costume uniforme, mais le pittoresque, le charme poétique, la liberté d'attitude et d'allure, comme dans une foule d'hommes de tous les pays où chacun se rapproche des siens. Il est vrai, dans ce ravin aussi bien que sur la terre entière, la bataille de la vie pour la jouissance de l'air, de l'eau, de l'espace et de la lumière ne cesse pas un instant entre les espèces et les familles végétales; mais cette lutte n'a pas encore été régularisée par l'intervention de l'homme, et l'on croirait, au milieu de ces plantes si diverses et si gracieusement associées, se trouver dans une république fédérative où chaque existence est sauvegardée par l'alliance de toutes. Même les colonies de plantes étrangères à la nature libre sont respectées, du moins pour un temps : sur une corniche de terre qui s'est affaissée et qui reste suspendue au flanc de la berge, je vois se balancer les hampes flexibles d'une touffe d'avoine, humble colonie d'esclaves fugitifs aventurés dans un monde de libres héros barbares.

Aussi bien que le ruisseau de la vallée et les grands fleuves de la plaine, le petit ravin a ses bords ombragés d'arbres. Le tremble s'élève à côté du hêtre et du charme; les feuilles si finement découpées du frêne se montrent entre deux larges ormeaux au branchage étalé; le tronc blanc du bouleau resplendit à côté de la rugueuse et sombre écorce du chêne. Vers le haut de la pente, là où le ravin n'est plus guère qu'un plissement du sol, des pins à l'air grave, au feuillage presque noir, se sont assemblés comme pour un concile. Autour d'eux, la terre sans végétation a disparu sous une couche épaisse d'aiguilles couleur de rouille, tandis que, non loin de là, un joyeux mélèze, à la claire verdure, ne jaillit que par la cime, fièrement drapée de clématite, hors d'un fourré d'arbustes et de broussailles. A cause de

V

SOUS CES VOUTES D'OMBRE....

l'extrême variété des conditions du sol, l'étroit rideau est bien plus riche en espèces diverses d'arbres que des forêts entières recouvrant de vastes territoires. D'ailleurs, en maint endroit, les troncs sont tellement rapprochés que, d'une berge à l'autre, on ne voit pas se glisser un seul rayon de lumière; du fond des gouffres, les arbres s'élancent comme les colonnes pressées d'un édifice, puis, au niveau des berges, les branches s'étalent largement, enveloppent de leur verdure les troncs qui croissent sur la berge et vont avidement chercher leur nourriture d'air libre au-dessus des champs labourés.

Sous ces voûtes d'ombre, dans les profondeurs du ravin, la température est toujours fraîche, même au plus fort de l'été; les rameaux entre-croisés empêchent l'atmosphère humide de s'échapper dans l'espace et, grâce à la moite vapeur, les fougères aux grandes feuilles retombantes, les champignons groupés fraternellement en petites assemblées croissent et prospèrent sur toutes les berges. L'air est tellement pénétré d'humidité qu'il suffit de fermer les yeux pour se croire au bord d'un ruisseau glissant silencieusement dans son lit. D'ailleurs, l'eau est en effet bien là; c'est en apparence seulement qu'elle a disparu. Les mousses qui tapissent le fond du ravin et recouvrent les racines des arbres se sont gonflées de liquide pendant la dernière inondation : dilatées comme des éponges, elles gardent longtemps cette humidité nourricière, puis, à la moindre pluie, elles se remplissent de nouveau en absorbant avidement les gouttelettes tombées. Ainsi, de mousse en mousse et de plante en plante, dans la multitude infinie des cellules organiques, se retrouve encore le flot continu du ruisseau, de l'origine à l'issue du ravin. Sans doute on ne le voit pas, on ne l'entend point murmurer, mais on le devine et l'on jouit de la douce fraîcheur qu'il répand dans l'atmosphère.

Chose admirable et qui m'enchante toujours! ce ruisselet est pauvre et intermittent; mais son action géologique n'en est pas moins grande; elle est d'autant plus puissante relativement que l'eau coule en plus faible quantité. C'est le mince filet liquide qui a creusé l'énorme fosse, qui s'est ouvert ces entailles profondes à travers l'argile et la roche dure, qui a sculpté les degrés de ces cascatelles, et, par l'éboulement des terres, a formé ces larges cirques dans les berges. C'est aussi lui qui entretient cette riche végétation de mousses, d'herbes, d'arbustes et de grands arbres. Est-il un Mississipi, un fleuve des Amazones qui, proportionnellement à sa masse d'eau, accomplisse à la surface de la terre la millième partie de ce travail? Si les rivières puissantes étaient les égales en force du ruisselet temporaire, elles raseraient des chaînes de montagnes, se creuseraient des abîmes de plusieurs milliers de mètres de profondeur, nourriraient des forêts dont les cimes iraient se balancer jusque dans les couches supérieures de l'air. C'est précisément dans ses plus petites retraites que la nature montre le mieux sa grandeur. Étendu sur un tapis de mousse, entre deux racines qui me servent d'appui, je contemple avec admiration ces hautes berges, ces défilés, ces cirques, ces gradins et la sombre voûte de feuillage qui me racontent avec tant d'éloquence l'œuvre grandiose de la goutte d'eau.

CHAPITRE VII

LES FONTAINES DE LA VALLÉE

A tous les ruisselets visibles et invisibles qui descendent de ravins et de vallées vers le ruisseau principal, s'ajoutent encore par dizaines et par centaines de petites sources et des veines d'eau, toutes différentes les unes des autres par l'aspect et le paysage de pierres, de ronces, d'arbustes ou d'arbres qui les entourent, différentes aussi par le volume de leurs eaux et par l'oscillation de leur niveau suivant les météores et les saisons. Quelques-unes d'entre elles n'ont même qu'une existence temporaire ; après avoir coulé pendant un certain nombre d'heures, elles tarissent tout à coup ; la cascatelle qui s'en épanche cesse de murmurer, les parois de leur bassin se dessèchent, les herbes qu'elles humectent se penchent et languissent. Puis, après des minutes ou des heures, on entend un murmure souterrain, et voici l'eau qui s'élance de nouveau de sa prison de pierre, pour rendre la vie aux racines et aux fleurs; de son murmure argentin, elle annonce joyeusement sa résurrection aux insectes tapis sous le gazon, à tout un monde d'infiniment petits attendant son réveil pour se réveiller eux-mêmes. Les physiciens nous expliquent la cause de ces intermittences; ils nous disent comment l'eau s'écoule et s'arrête alternativement dans les cavités souterraines disposées en forme de siphon. Tout cela est joli; mais, à ces jeux de la nature, à ces fontaines qui se montrent et se cachent tour à tour, nous préférons la source qui ne nous trompe point, dont nous entendons toujours le gai babil, et dans laquelle, à toute heure, nous pouvons voir se refléter la lumière tremblotante. Plus charmante aussi m'apparaît la fontaine, la plus discrète de toutes, qui jaillit au fond même du ruisseau et que reconnaît seulement l'observateur studieux de la nature. Au milieu de l'eau transparente, on ne saurait distinguer la colonne liquide de la source qui s'élève; mais elle ne s'en révèle pas moins par les ondulations des herbes que caresse son onde ascendante, par les bulles d'air qui s'échappent du sable et viennent éclater à la surface, par les bouillonnements silencieux qui se produisent sur la nappe de l'eau et se propagent au loin en rides graduellement affaiblies.

Inégales par le volume et par le paysage qui les environne, les fontaines ont aussi la plus grande diversité dans leur teneur en substances minérales, car, toute pure que l'eau de la source paraisse à nos regards, elle n'est pas seulement, comme nous l'enseigne la chimie, une combinaison de deux corps simples, l'hydrogène, qui forme, dit-on, les immenses tourbillons des nébuleuses lointaines, et l'oxygène, qui pour tous les êtres est le grand aliment de la vie, elle contient aussi d'autres substances, soit roulant dans son lit à l'état de sable ou de poussière, soit dissoutes dans la masse liquide et transparentes comme elle.

Parmi les fontaines tributaires du ruisseau, il en est même une, jaillissant de roches dures, qui renferme des paillettes d'or dans ses alluvions. Si elle en contenait de grandes quantités comme certaines sources de la Californie, de la Colombie, du Brésil, de l'Oural, immédiatement une foule d'hommes avides se précipiteraient vers la bienheureuse fontaine, tous les sables qu'elle a déposés sur les berges de son bassin seraient passés au tamis, la roche même serait attaquée au pic et à la pioche et portée, débris à débris, sous les marteaux de l'usine ; bientôt les cabanes d'un village, peuplées de mineurs, remplaceraient les grands arbres et les prairies du vallon. Peut-être le pays, en devenant plus riche, plus populeux et plus prospère, deviendrait-il aussi à la longue plus instruit et plus heureux ; toutefois, c'est avec un sentiment de joie que nous nous promenons sur les bords inviolés de notre Pactole inconnu de la foule et que nous y retrouvons la solitude et le silence, comme aux premiers jours où nous y avons vu briller la parcelle d'or. Dans les environs, il n'existe heureusement qu'un seul chercheur de pépites, vieux géologue qui montre avec orgueil quelques grains brillants contenus dans une boîte en carton : c'est là tout le fruit de ses longues recherches.

Une autre source, voisine du petit Eldorado, est bien autrement prodigue en paillettes éclatantes. C'est une eau qui s'échappe de roches micacées et qui en apporte les débris à la lumière. Les paillettes, que le courant fait rouler sur le fond, tourbillonnent un instant sur elles-mêmes, puis se déposent à plat sur d'autres lamelles, de sorte qu'on en voit toujours luire le reflet sous l'eau frissonnante. Les enfants du voisinage aiment dans leurs jeux à venir puiser à pleines mains de ce sable brillant ; ils entassent par monceaux les paillettes d'or et les paillettes d'argent. Heureusement ils savent, pauvres enfants, que la masse reluisante n'est or ou argent qu'en apparence ; autrement, ils commenceraient peut-être au bord de la fontaine paisible cette dure bataille de la vie que plus tard, devenus hommes faits, ils auront à se livrer les uns aux autres pour s'arracher, sous forme de monnaie, le pain de chaque jour.

Dans un petit vallon, au pied des rochers calcaires, s'épanche une autre fontaine, qui, loin de rouler des paillettes brillantes dans ses eaux, recouvre au contraire d'une sorte d'enduit grisâtre les pierres de son lit, les feuilles, les branchilles tombées des arbustes voisins. Cet enduit se compose d'innombrables molécules calcaires dissoutes par l'eau dans l'intérieur de la colline. Arrêté dans son cours par un obstacle quelconque, le ruisseau rend maintenant les particules de pierre dont il était saturé. A côté du bassin croît une fougère qui balance ses feuilles vertes dans l'air humide, tandis que la racine, baignée par l'eau, est en partie enveloppée d'une gaine de pierre.

Ainsi varient les fontaines par les substances, solides ou gazeuses, qu'elles entraînent ou dissolvent dans leur cours souterrain et portent au dehors. Il en est qui contiennent du sel, d'autres sont riches en fer, en cuivre, en métaux divers ; d'autres encore pétillent d'acide carbonique, ou dégagent des gaz sulfureux. La proportion des mélanges qui s'opèrent ainsi dans le laboratoire des sources diffère pour chacune d'elles, et le chimiste qui veut connaître cette proportion d'une manière précise est obligé de faire une longue analyse spéciale, qu'il recommence plusieurs fois. Puis, quand il a pesé les diverses substances, il lui reste encore, en utilisant les moyens prodigieux que lui fournit maintenant la science, à étudier les raies colorées que l'eau de la source produit dans un spectre lumineux. Ces raies, qui permettent à l'astronome de découvrir les métaux dans les astres, brillant comme un point au fond de l'espace infini, révèlent également au chimiste les traces des corps qui se trouvent en quantités infinitésimales dans la goutte des fontaines. Le jour où deux Allemands ont signalé, arraché pour ainsi dire de la source, par la force de la science, des métaux que l'on ne connaissait pas encore est un des grands jours de l'histoire. Comparées à cette date, combien sont insignifiantes dans les annales de l'humanité les victoires ou la mort du plus célèbre des conquérants !

Différentes les unes des autres par les substances qu'elles apportent de leur voyage dans le monde souterrain, les fontaines qui s'écoulent vers le ruisseau sont aussi de températures diverses. Il en est dont l'eau a précisément la chaleur moyenne de l'atmosphère qui pèse sur la contrée; d'autres sont plus froides, parce qu'elles descendent des neiges ou parce qu'une forte évaporation se produit dans les canaux intérieurs sous l'influence des courants d'air ; d'autres encore sont tièdes ou chaudes; on en trouve à tous les degrés entre celui de la glace fondante et celui de la vapeur en explosion. Par sa température, la source nous donne ainsi comme un résumé de son histoire souterraine : il nous suffit d'y tremper le doigt, et nous apprenons en même temps quel a été son voyage dans les gouffres cachés. Au bord d'une eau froide, nous regardons les monts neigeux et nous nous disons : « C'est de là-haut que descend la fontaine! » Mais que l'eau soit tiède, c'est, à n'en pas douter, parce qu'elle a d'abord trouvé son chemin de faille en faille jusqu'à une grande profondeur et qu'elle s'est réchauffée dans ces conduits ténébreux avant de remonter à la surface. Enfin, là où la température d'une source approche de celle de la vapeur chaude, nous savons par cela même que le ruisseau a coulé à deux ou trois kilomètres au-dessous du sol, car c'est à de pareilles profondeurs seulement que la température des roches est aussi élevée que celle de l'eau bouillante. Nous restons assis à notre aise sur la gazon au bord de la fontaine ; mais l'expérience, si péniblement acquise par les mineurs dans leurs galeries profondes, nous permet de suivre par la pensée l'itinéraire que le filet d'eau a suivi dans l'épaisseur des roches avant de jaillir au dehors.

Plus encore que les eaux froides, celles qui sont tièdes ou thermales travaillent à dissoudre la pierre dans l'intérieur des roches, puis à la déposer sous une autre forme à leur issue. En maints endroits, les eaux chaudes qui courent vers le ruisseau s'épanchent d'abord dans un large bassin qu'elles ont elles-mêmes apporté et sculpté molécule à molécule; à côté se trouvent d'autres vasques délaissées, et çà et à les fentes qui s'ouvrent dans le rocher sont bordées de charmantes concrétions, pareilles aux revêtements de marbre plaqués sur les façades de nos édifices. Mais que sont ces faibles dépôts siliceux ou calcaires, en comparaison des constructions énormes élevées en divers pays du monde par des rivières thermales, comme celles de Holly-Springs aux Etats-Unis! Les voyageurs nous disent que ces eaux chaudes édifient de véritables châteaux, des citadelles, des remparts de plusieurs kilomètres de longueur. Blancs comme l'albâtre, les piliers et les contreforts, incessamment grossis par les cascades ruisselantes, gagnent peu à peu sur la plaine. L'eau, construisant sans relâche, se ferme constamment à elle-même son propre passage et, sans cesse à la recherche d'un nouveau lit, laisse derrière elle des bassins, des ponts inachevés, des colonnades ébauchées. Des montagnes entières, que le géologue explore avec admiration, ont été bâties par les torrents d'eau chaude jaillissant des profondeurs.

Mais ces merveilles sont éloignées, et peu nombreux sont parmi nous ceux qui peuvent contempler ces rivières chaudes à l'œuvre dans la construction de leurs édifices marmoréens. Plus modestes, les fontaines de notre petit bassin ne changent point le relief du sol et l'aspect des paysages en quelques années ; mais, si elles mettent des siècles et des siècles à leur travail, elles n'en finissent pas moins par renouveler tout l'espace qu'elles arrosent ; elles changent peu à peu la pierre et se donnent un lit tout différent de celui que leur avait préparé la nature. Le géologue et le mineur, qui pénètrent de force avec le pic et le marteau dans l'intérieur des rochers, y découvrent des veines de jaspe et d'autres pierres transparentes ou colorées. C'est le filet d'eau thermale, portant de l'argile en dissolution, qui les a déposées dans la fissure où il roulait, puis qui, changeant de cours, s'est épanché par d'autres failles. Tous ces filons sinueux qui traversent les roches comme des veines de cristal, c'est à des ruisseaux qu'ils doivent leur origine; il est vrai que, dans la plupart des cas, les eaux jaillissaient des profondeurs du sol, non sous la forme liquide, mais sous la forme de vapeurs et à la température de plusieurs centaines de degrés, car autrement elles n'auraient pu dissoudre les matériaux qui tapissent les parois de leurs anciens lits. Ainsi les minerais d'or et d'argent ont été soufflés du fond des roches par les vapeurs d'un Pactole souterrain.

Fortes de la puissance énorme que leur donne le temps, les petites sources, qui dissolvent les rocs et subliment les métaux, parviennent aussi quelquefois à secouer les montagnes. Par une belle soirée d'automne, une violente ondulation du sol se fit sentir dans le bassin du ruisseau ; les maisons se mirent à vibrer, à la grande terreur des habitants, et même quelques murs déjà lézardés s'écroulèrent. Ce furent là tous les malheurs causés par le tremblement de terre; mais, pendant longtemps, ils servirent de sujet d'entretien aux savants et aux ignorants de nos villages. Les uns parlaient d'une grande mer de feu qui remplirait la terre et disaient qu'une tempête en avait agité les vagues; d'autres prétendaient qu'un volcan cherchait à pousser dans le voisinage et qu'avant peu un cratère allait s'ouvrir ; d'autres encore, qui ne savaient rien du feu central et n'avaient jamais vu ni cratère, ni coulée de lave, pensaient à un groupe de fontaines salines et gypseuses qui jaillissent dans un vallon au pied d'un coteau rocailleux ; voyant qu'après le tremblement de terre elles avaient coulé troubles et boueuses et que plusieurs d'entre elles s'étaient déplacées, ils se demandaient si ce n'étaient pas là les véritables coupables. Peut-être bien ces villageois avaient-ils raison. Pendant chaque seconde, pendant chaque minute, ces sources n'apportent, il est vrai, qu'une quantité presque infinitésimale de sel, de gypse et d'autres substances solides ; mais, après des années et des siècles, il se trouve que les filets d'eau souterrains ont dissous des assises entières dans les fondements mêmes de la montagne. Les piliers trop faibles qui portent l'immense édifice cèdent sous le poids, les voûtes s'effondrent, le mont en frémit de la base au sommet, et la terre est agitée à des centaines de kilomètres de distance comme si une explosion terrible en avait disloqué les couches. Le géant Encelade qui vient de secouer ainsi les montagnes, les collines et les plaines, c'est l'aimable source dont une touffe d'herbes me cache à demi le bassin.

Heureusement les fontaines savent se faire pardonner les moments de terreur qu'elles nous causent parfois en ébranlant le sol. Elles nous abreuvent nous et nos troupeaux, elles arrosent nos champs et font lever les semences, elles nourrissent les arbres, elles nous apportent de l'intérieur de la terre des trésors que sans elles nous n'aurions jamais pu découvrir; enfin elles fortifient nos corps, nous rendent la santé perdue, rétablissent l'équilibre de nos esprits troublés. Telles sont, au sortir de la terre bienfaisante, les vertus curatives des fontaines thermales et minérales que, dans tous les pays civilisés, on bâtit des édifices au-dessus des bassins pour en emprisonner l'eau et en mesurer soigneusement l'emploi dans les baignoires et les piscines. Afin de recueillir jusqu'à la dernière goutte du précieux liquide, les ingénieurs creusent au loin le rocher et saisissent au passage le filet qui ruisselle dans les failles, le jet de vapeur qui s'élance des profondeurs cachées. Avides de santé, les malades utilisent tout ce que la source apporte avec elle et tout ce qu'elle baigne de son eau : ils respirent le gaz qui s'en échappe, ils se plongent dans les boues noires qu'elle forme avec le sable ou l'argile, ils vont jusqu'à se recouvrir comme des tritons du limon vert qui s'étend en tapis sur les eaux. Toutefois ils ne poussent pas la religion jusqu'à presser sur leurs corps les animaux qui naissent et se développent dans la douce tiédeur de l'eau thermale. Il est de charmantes couleuvres qui vivent en grand nombre dans certaines sources; quand la baigneuse aperçoit tout à coup le reptile, déroulant à côté d'elle ses gracieux anneaux, elle ne croit point à l'apparition merveilleuse du serpent d'Esculape, mais, pleine de terreur, elle s'élance en sursaut et pousse de grands cris.

Autrefois c'était aux sorciers et aux devins habiles de montrer aux malades la source où ils trouveraient la guérison ou l'allègement de leurs maux; aujourd'hui les médecins et les chimistes, remplaçant les magiciens du moyen âge, nous indiquent avec plus d'autorité l'eau bienfaisante qui nous rendra les forces et nous donnera une seconde jeunesse. Quand la science sera faite et que l'homme, sachant parfaitement quel doit être son genre de vie, saura en outre quelles eaux, quelle atmosphère conviennent à la guérison de ses maux, alors nous pourrons jouir de la plénitude de nos jours et prolonger notre existence jusqu'au terme naturel, pourvu que notre état social ne soit pas toujours de nous entrehaïr et de nous entre-tuer. En Arabie, les fanatiques souverains des Wahabites faisaient boucher soigneusement toutes les fontaines thermales et minérales, de peur que leurs sujets, assurés de la vertu de ces eaux jaillissantes, oubliassent de mettre leur confiance en la seule puissance d'Allah. Dans l'avenir, au contraire, nous saurons utiliser chaque goutte qui s'échappe du sol, chaque molécule qu'elle amène à la surface de la terre, et nous lui assignerons son rôle pour le bien-être de l'humanité.

CHAPITRE VIII

LES RAPIDES ET LES CASCADES

Mêlant tout dans son lit, eaux descendues de la montagne et remontant des profondeurs, sources froides, tièdes et thermales, salines, calcaires et ferrugineuses, le ruisseau grossit, grossit à chaque tournant de la vallée, à chaque nouvel affluent. Rapide et bruyant comme un jeune homme entrant dans la vie, il mugit et s'élance par bonds désordonnés; lui aussi se calmera, il ralentira son courant en arrivant à la plaine horizontale et monotone; maintenant il glisse joyeusement sur la pente et se hâte vers la mer. Il est encore dans la période héroïque de son existence.

Dans cette partie de son cours, les rapides, les cascatelles, les chutes sont les grands phénomènes de la vie du ruisseau. Non encore assez fort pour égaliser complètement la pente de son lit, pour creuser toutes les assises et les saillies des roches, pour réduire en poussière tous les blocs épars, le ruisseau doit surmonter ces obstacles en s'épanchant par-dessus. Les chutes varient à l'infini, suivant la hauteur des roches qu'elles ont à franchir, suivant l'inclinaison des pentes, l'abondance des eaux, l'aspect des berges, la végétation des bords et des pierres immergées. Toutes différentes les unes des autres, toutes aussi sont belles, soit par leur grâce, soit par leur majesté, et c'est avec bonheur que l'on s'assied à côté d'elles en se laissant mouiller de leur écume.

Les rapides sont les cascades ébauchées qui prennent leur élan, puis s'arrêtent et se précipitent de nouveau. Ici, l'eau, qui se heurte contre une pierre moussue, l'enveloppe comme d'un globe de verre transparent et en ceint la base d'un liseré d'écume; là, le courant incliné s'enfuit rapidement entre deux roches, puis, au-dessus d'écueils cachés, se plisse en vagues parallèles; plus loin, le flot se divise en plusieurs filets s'élançant par bonds inégaux. L'eau profonde, la mince nappe, la frange d'écume se succèdent en désordre jusqu'au bas de la pente, où le ruisseau reprend son calme et l'égalité de son cours.

VI

LE COURANT INCLINÉ S'ENFUIT RAPIDEMENT.

Et parmi les cascades, quelle étonnante diversité ! J'en connais une, charmante entre toutes, qui se cache sous le feuillage et sous les fleurs. Avant de se précipiter, la surface du ruisseau est parfaitement lisse et pure ; pas une saillie de rocher, pas une herbe du fond n'en interrompent le cours silencieux et rapide ; l'eau coule dans un canal aussi régulièrement taillé que s'il avait été creusé de main d'homme. Mais, à l'endroit de la chute, le changement est soudain. Sur la corniche d'où l'eau s'élance en cascade se dressent des massifs de rochers, pareils aux piles d'un pont écroulé et s'appuyant sur de larges contreforts à la base assiégée d'écume. Des bouquets de saponaires et d'autres plantes sauvages poussent, comme en des vases d'ornement, dans les anfractuosités des pointes qui dominent les cascades, tandis que des ronces et des clématites, déployées en rideau, attachent leurs guirlandes aux saillies de la pierre et voilent les nappes partielles de la chute. L'épais réseau de verdure oscille lentement sous la pression de l'air qu'entraîne avec elle l'eau plongeante, et les lianes isolées, dont les extrémités baignent dans les remous écumeux, frémissent incessamment. L'oiseau vient faire son nid dans ce feuillage et s'y laisse balancer par le flot. Tout paré de fleurs au printemps, orné de fruits en été et en automne, le rideau suspendu devant la cataracte en étouffe à demi le fracas; on pourrait le croire éloigné si le soleil, dardant ses rayons à travers les branches, ne faisait briller çà et là un diamant sous la verdure.

A quelque distance de cette cascade voilée sous les feuilles et les fleurs, une autre assise de roches traverse le ruisseau; mais elle est fort dure, et l'eau n'a guère pu l'entamer pour y creuser son lit. Il lui a donc fallu s'étaler au large, en déblayant pierres et terre végétale, et se diviser en de nombreux filets cherchant chacun quelque endroit favorable pour faire leur plongeon. Étendu sur une roche polie qui s'élève au milieu des cascatelles, nous les voyons bondir de tous les côtés, les unes assez fortes pour entraîner des blocs de pierre, les autres trop faibles pour déraciner une touffe de gazon. Ici est une petite nappe d'eau qui s'étale sur un rocher tout capitonné du limon vert, puis se glisse sous une assise surplombante bordée de fougères, et s'échappe furtivement entre deux tiges de saules inclinés. Plus loin, un mince filet liquide, contenu dans une sorte de rainure, ruisselle, scintille et gazouille en tombant. Un autre coule dans une faille noirâtre, et l'on n'en voit du dehors que des éclairs indistincts; un autre encore s'élance deçà et delà, se tord comme un serpent aux anneaux alternativement noirs et argentés.

A travers les roches, les herbes, les arbrisseaux, tous les ruisselets séparés pour un instant se rapprochent de nouveau comme une troupe d'enfants à l'appel d'une mère. Et tout cela rit et chante avec joie. Chaque cascatelle a sa voix, douce ou grave, argentine ou profonde, et toutes s'accordent en un concert charmant qui berce la pensée et, comme la musique, lui donne un mouvement égal et rythmé. Enfin tous les filets épars se sont réunis dans le lit commun, ils entre-croisent leurs courants et leurs bordures d'écume, puis reprennent ensemble le chemin de la plaine.

La cataracte est bien autre chose. Ici, les eaux ne s'étalent pas sur un large espace pour ruisseler comme au hasard, elles se réunissent, au contraire, pour s'élancer en une masse compacte dans l'étroit passage laissé entre deux pointes de roc. Déprimé sur les bords et gonflé au milieu à cause de l'appel du courant, le ruisseau se rétrécit et se bombe jusqu'à la corniche d'où il prend son élan. L'eau, emportée d'une vitesse extrême, a perdu ses vaguelettes, ses petites ondulations; toutes ses rides, allongées par la rapidité du flot, se sont changées en autant de lignes perpendiculaires comme tracées par la pointe d'un stylet. Semblable à une étoffe soyeuse qui se déploie, la nappe liquide se détache de l'arête du rocher et se recourbe au-dessus d'une noire allée au fond de laquelle bouillonnent les eaux. A la base de la cataracte, c'est un chaos d'écume. La masse qui plonge se brise en vagues entre-heurtées qui reviennent en tumulte au-devant de la gerbe unie et s'acharnent contre elle comme pour l'escalader. Dans le gouffre tonnant, l'eau et l'air, entraînés en même temps par la trombe, se mêlent confusément en une masse blanche qui s'agite sans fin; chaque flot, changeant incessamment de forme, est un chaos dans le chaos. En s'échappant du tourbillon, l'air emprisonné soulève des fusées de gouttelettes qui s'élancent dans l'espace en brouillards et s'irisent au soleil. Parfois aussi, enfermé sous la gerbe plongeante, il y entraîne avec lui des nappes écumeuses que l'on voit à travers le flot bleu s'agiter le long du rocher comme des spectres blanchâtres. Bien loin encore en avant de la chute continue le bouillonnement du ruisseau. De chaque côté tournoient de violents remous au fond desquels s'entre-choquent des pierres, creusant pour les âges futurs des « marmites de géants ». Sous la pression de l'orage qui la poursuit, l'eau, toute blanche et pétillante, s'enfuit dans le canal; toutefois, elle se ralentit peu à peu, elle prend une nuance d'un bleu laiteux comme celle de l'opale, puis elle n'offre plus que de légères stries d'écume, et bientôt elle retrouve son calme et son azur. Rien ne rappelle plus la chute soudaine du ruisseau, si ce n'est la fumée de gouttelettes que l'on voit briller au loin sur la masse croulante et le mugissement continu qui fait vibrer l'atmosphère.

Certes, la modeste cataracte du ruisseau n'est point une « mer qui tombe » comme le saut du Niagara; mais, aussi petite qu'elle soit, elle n'en laisse pas moins une impression de grandeur à celui qui sait la regarder et ne passe pas indifférent. Irrésistible, implacable, comme si elle était elle-même poussée par le destin, l'eau qui s'écoule est animée d'une telle vitesse que la pensée ne peut la suivre; on croirait avoir sous les yeux la moitié visible d'une large roue tournant incessamment autour du rocher : à regarder cette nappe, toujours la même et toujours renouvelée, on perd graduellement la notion des choses réelles. Mais pour se sentir puissamment étreint par tout le vertige de la cascade, c'est en amont qu'il faut regarder, au-dessus de l'endroit où l'eau cesse de couler sur le fond et, décrivant sa courbe, plonge librement dans l'espace. Les îlots d'écume, les feuilles entraînées arrivent lentement sur la masse unie, comme des voyageurs dont rien ne trouble la quiétude; puis, tout à coup, les voilà qui frémissent, qui tournent sur eux-mêmes et, de plus en plus rapides, s'élancent dans un pli de l'eau pour disparaître avec la chute. Ainsi, dans une procession sans fin, tout ce qui descend à la surface de l'eau obéit à l'attraction du gouffre : on voit ces objets s'enfuir comme des stries rapides, comme des traits aussitôt évanouis qu'entrevus; le regard, entraîné lui-même sur la pente par cette fuite désordonnée des feuilles et des archipels d'écume, cherche à se reposer dans l'abîme vers lequel tout semble marcher; c'est là, semble-t-il, dans le gouffre mugissant, que doit se trouver la paix.

Parfois un insecte qui se débat dans le courant ou qui cherche à monter sur une feuille flottante arrive, lui aussi, lentement porté vers le précipice. Il agite les pattes et les antennes en désespéré, il se ploie et se tord dans tous les sens; mais, dès qu'il a senti l'attraction terrible, dès qu'il a commencé de décrire avec la masse de l'eau la grande courbe de la chute, il arrête soudain ses mouvements, il se laisse entraîner et s'abandonne à la destinée. C'est ainsi qu'un Indien et sa femme, ramant dans leur pirogue en amont de la cataracte du Niagara, furent saisis par un remous violent et portés vers les chutes. Longtemps ils essayèrent de lutter contre la pression terrible; longtemps, les spectateurs angoissés qui couraient le long du rivage purent croire que les deux rameurs tiendraient tête au courant et parviendraient à le remonter; mais non, la pirogue est vaincue dans son effort; elle cède, cède de plus en plus; elle descend en dérive sur le flot; elle approche de la courbe terrible, tout espoir est perdu. Alors les deux Indiens cessent de ramer, ils croisent les bras, regardent avec sérénité l'espace qui tourbillonne autour d'eux, et, fiers jusque dans la mort, comme il convient à des héros, ils s'engouffrent dans la trombe immense.

Vue par le regard de la science dans l'infinité des âges, la cascade elle-même n'est pas un phénomène moins fugitif que ces insectes et ces êtres humains emportés dans le gouffre, car elle aussi a commencé, elle aussi doit disparaître. A la surface de la terre, tout naît, vieillit et se renouvelle comme la planète elle-même. Toute vallée, lorsqu'elle livra pour la première fois passage au fleuve ou au ruisseau qui la parcourt, était bien plus accidentée qu'elle ne l'est actuellement : succession bizarre de fissures et de bassins, elle n'offrait qu'une série de lacs unis et de cascades plongeantes; mais peu à peu la pente s'est égalisée, les lacs se sont remplis d'alluvions, les cascades qui creusent graduellement le rocher se sont changées en rapides, puis en courants pacifiques. Tôt ou tard, le ruisseau s'écoulera d'un flot égal vers la mer. A la fin, toute inégalité devrait disparaître, si la terre, en vieillissant d'un côté, ne rajeunissait pas de l'autre. S'il est des montagnes qui s'abaissent, rongées par les intempéries, il en est aussi qui s'élèvent, poussées vers la lumière par les forces souterraines; tandis que des fleuves tarissent lentement, bus par le désert, des torrents naissent et grandissent; des cascades s'oblitèrent, mais d'autres, après avoir rompu les parois qui les retenaient, s'épanchent de lacs élevés et se déploient en voiles légers ou en puissantes gerbes sur le flanc des monts.

CHAPITRE IX

LES SINUOSITÉS ET LES REMOUS

Puisque, des rochers de la montagne à la plaine basse, le sol, remanié par les eaux pendant la série des âges, s'incline en pente régulière vers le bord de l'Océan, le ruisseau, semble-t-il, devrait s'écouler en ligne droite, entraîné par son poids; mais, au contraire, son cours est une succession de courbes. La ligne droite est une pure abstraction de l'esprit, et comme le point mathématique, autre chimère, n'a d'existence que pour les géomètres. Dans les profondeurs des cieux, le soleil, les satellites, les comètes, tourbillonnent en rondes immenses; sur notre boule planétaire, emportée comme toutes les autres dans une spirale d'ellipses infinies, les ouragans, les trombes, les vents, les moindres souffles de l'atmosphère se propagent en tournoyant; les eaux de la mer se plissent et se déroulent en lames arrondies; toutes les formes organiques, animaux et plantes, n'offrent dans leurs cellules et leurs vaisseaux que des surfaces courbes et des sinuosités; même les durs cristaux, regardés à travers le microscope, n'ont plus ces plans réguliers, ces arêtes inflexibles qu'ils ont sous notre œil nu : les dents, les flèches, les spicules, les stries des minéraux et des organismes infiniment petits révèlent les molles ondulations de leurs contours sous le regard de l'instrument qui les scrute. Partout où se produit un mouvement, dans la pierre aussi bien que dans tous les autres corps et dans l'ensemble des mondes, ce mouvement, résultant de plusieurs forces, s'accomplit suivant une direction curviligne.

Quant au ruisselet et aux eaux qui l'emplissent, nul besoin n'est de s'armer les yeux d'un microscope pour en voir les sinuosités et les tourbillons. Dans le lit, tortueux lui-même, et sous les arbres qui l'ombragent, tout se meut en cercles, en remous, en spirales : les herbes du fond, chevelures onduleuses, les rides de la surface, les libellules qui volent au-dessus des joncs, qui se rencontrent, puis se séparent pour se rencontrer encore, les moucherons qui tournoient dans une ronde sans fin, le vent qui passe en dessinant en noir sur la nappe brillante des bouffées circulaires; je ne vois que courbes gracieusement entre-croisées, que cercles enlacés, que figures aux contours flottants. Ainsi que l'indiquent les plongeons et les émersions successives de la feuille entraînée, l'eau, qui vient de descendre vers le fond, remonte par une nouvelle courbe vers la surface, s'étale à la lumière, puis disparaît encore au-dessous de courbes liquides, qui, elles aussi, viennent de couler sur le fond du lit. Sous l'impulsion du courant, les molécules d'eau changent incessamment leur position respective; elles se dirigent vers la droite, mais une autre molécule les fait dévier à gauche. Dans le lit commun, chaque gouttelette a son cours particulier, bizarre série de courbes verticales, horizontales, obliques, comprises dans les grands méandres du ruisseau : c'est ainsi que les circuits d'une planète se développent dans l'immense orbite du système solaire qui les entraîne.

Pris dans son ensemble, le ruisseau tout entier se déplace de côté et d'autre comme les gouttes qui le composent. Sa masse, arrêtée par quelque roche ou par un tronc d'arbre placé en travers du lit, glisse latéralement et va se heurter contre une berge. Repoussée par l'obstacle, elle rebondit vers la rive opposée, la frappe et, de nouveau rejetée obliquement, s'élance en sens inverse. Ainsi, le courant se porte incessamment d'un bord à l'autre par courbes successives : de la source à l'embouchure, c'est un long ricochet de l'eau entre les deux rivages. Les rondeurs convexes et concaves alternent le long des bords ; c'est un rythme, une musique pour le regard.

D'ailleurs, la régularité des courbes n'est point mathématique ; les méandres varient de forme à l'infini suivant la nature des terrains, la déclivité du sol, la violence du courant, les débris roulés sur le fond du lit. Entre les parois de rocher, les angles sont faiblement arrondis, les tournants soudains ; l'eau, impuissante à sculpter profondément les assises de pierre, revient brusquement sur elle-même ; dans les montagnes surtout, là où la pente du lit est très considérable, le torrent enfermé dans les défilés se jette de droite et de gauche par élans successifs, comme un animal poursuivi qui cherche à déjouer le chasseur. Dans la plaine, les berges consolidées par les racines des grands arbres résistent aussi pendant longtemps à l'action du courant, et, dans maints endroits, le canal du ruisseau n'offre que de faibles sinuosités sur une longue étendue. En se retenant de la main à une forte branche et en se penchant au-dessus du flot, on voit se développer au loin, comme dans une allée, la perspective des troncs et des branches reflétée dans l'eau, çà et là rayée de lumière; toutefois là aussi, l'avenue, presque droite en apparence, finit par aboutir à un méandre, auquel succèdent d'autres tours et détours, jusqu'à ce que le ruisseau se mêle aux eaux d'un fleuve pour aller s'engloutir dans la mer.

Les cours d'eau qui présentent de la manière la plus charmante cette succession rythmée des anses et des presqu'îles sont les torrents étalés à l'aise dans un large lit de sables ou de galets et les ruisseaux ou les rivières qui coulent dans les prairies, entre des berges sablonneuses, s'éboulant facilement sous la pression du flot. Tels sont les bords de notre ruisseau dans presque toute la partie de son cours qui commence au sortir des montagnes. Comme tant d'autres eaux courantes chantées par les poètes, il rappelle à l'imagination le serpent qui glisse dans l'herbe en déroulant ses anneaux. Vus du haut d'une colline, les méandres brillent à la lumière comme les plis et les replis de couleuvres aux reflets argentés; seulement, plus grands que les dragons de l'antique mythologie, ces gigantesques serpents ont pour lit une vallée qui s'étend à perte de vue, depuis les montagnes jusqu'aux plaines basses ou même aux plages sablonneuses de l'Océan. Dans presque toutes les contrées du monde, les campagnards ont naturellement eu l'idée d'assimiler la source du ruisseau à la tête de l'immense animal : la fontaine jaillissante est pour eux le Chef de l'Eau, *Ras el Aïn*. Ainsi la rivière de Drot, dans le midi de la France, serpente du village de Cap-Drot ou Chef-Drot, qui la domine à la source, à celui de Cau-Drot ou Queue-Drot, qu'elle baigne à son embouchure dans la Garonne.

Comme notre ruisseau, comme toutes les rivières et tous les fleuves, comme ce tortueux Méandre d'Asie qui a donné son nom aux sinuosités des cours d'eau, les ruisselets de quelques mètres de longueur qui se creusent sur la plage de l'Océan après le reflux de la marée ont aussi la forme serpentine la plus gracieuse. Chacun de ces petits sillons, avec les affluents presque imperceptibles qui le rejoignent, se dessine sur le sol comme l'image d'un arbuste aux tremblotantes ramures. D'une seule de ses vagues qui s'écroule avec fracas sur le bord, la puissante mer recouvre d'une couche de sable tous ces petits systèmes de fleuves en miniature ; mais les filets d'eau qui redescendent se creusent de nouveau un chemin, et leurs lits, larges de quelques millimètres à peine, se développent de nouveau en une série d'ondulations régulières. Qu'un trou se creuse dans le sable au-dessus de quelque débris roulé par le flot ou de la retraite d'un animal marin, et le petit torrent de gouttelettes, entraîné vers cet entonnoir, y disparaît en tournoyant avec un mouvement analogue à celui d'une vis. De même, quand le microscope nous révèle les mystères de la simple goutte à peine visible à l'œil nu, qu'y voyons-nous, sinon des courants sinueux et des remous circulaires, comme dans les fleuves et dans le grand Océan? Le voyage de l'eau qui descend de la montagne vers la mer se fait par un circuit de courbes s'entre-croisant à l'infini. Est-ce pour cela que la légende germanique nous représente les ondines des ruisseaux planant la nuit en vastes rondes et rasant du pied la nappe des fontaines?

C'est au-dessus des remous et des tourbillons que les danses de ces nymphes entrevues par les poètes doivent être interminables, car l'eau y tournoie sans fin comme en un cercle qui n'a point d'issue. Au pied d'une cascade, un promontoire de rocher, assiégé par le torrent d'écume, protège de sa masse un bassin tranquille où tournoient ainsi les eaux rejetées latéralement par le flot. Rien de plus gai à première vue, et de plus attristant à la longue que le spectacle offert par le mouvement d'un objet qui s'est égaré dans le remous en tombant avec la cascade. Un gland de chêne encore muni de sa cupule vient d'être entraîné par la chute et reparaît au milieu de l'écume. Pendant quelques instants, il semble s'enfuir avec le courant, mais un flot oblique le pousse à l'écart, il entre dans le remous et, rasant la base du rocher, retourne peu à peu vers la cascade. Déjà il se trouve dans le conflit des eaux entrechoquées, néanmoins il avance toujours, et bientôt il arrive sous le poids du ruisseau qui s'écroule; alors, comme animé d'une volonté soudaine, il pirouette et s'engouffre en tournoyant. Plus bas, il reparaît avec les eaux calmes, mais pour recommencer sa ronde, et s'enfuir encore sous le choc d'une nouvelle douche. Parfois, il s'élance si loin qu'on le croit sur le point d'échapper définitivement à l'appel du remous; il semble se décider à partir en compagnie d'un petit flocon d'écume; mais non, il hésite encore, puis, comme un navire armé de son gouvernail, il tourne de nouveau le cap vers la cascade et reprend son mouvement gyratoire. Peut-être cette ronde sans fin durera-t-elle jusqu'à ce que la cupule se détache du gland et que celui-ci, entièrement imprégné d'eau, tombe au fond du lit pour s'y désagréger peu à peu et s'y transformer en vase. On trouve quelquefois sur le bord du ruisseau d'étranges boules hérissées de piquants comme des châtaignes encore sur l'arbre : ce sont des amas d'épines qui se sont agglomérées en tournoyant dans un remous.

Lors des grandes crues du ruisseau, alors que ses eaux entraînent au loin non seulement des glands de chêne, des branchilles et des épines, mais aussi des arbres entiers, c'est dans le tourbillon du bassin que finit, du moins pour un temps, l'odyssée des troncs voyageurs. Un matin, quelques amis et moi nous étions allés visiter la cascade pour en voir briller aux premiers rayons du soleil l'écume nuancée de rose. Un grand sapin, ébranché par ses chocs contre les pierres, tournoyait lourdement dans le gouffre. Jeunes et fort ignorants encore des choses de la nature, nous regardions avec étonnement les soubresauts et les plongeons de la masse énorme. Sans trêve, sans repos, le tronc ballotté des eaux allait de la cascade au rocher et revenait du rocher à la cascade : là, il roulait sur lui-même, se perdait un instant dans l'ouragan d'eau et d'écume, puis reparaissait au loin en se dressant hors de l'abîme comme un mât de navire naufragé. Retombant avec bruit, il flottait lentement jusqu'à l'extrémité du bassin, et se heurtait contre une paroi qui le renvoyait vers la cataracte. Symbole des malheureux que poursuit l'inexorable destin, il tournait, tournait sans cesse comme la bête féroce enfermée dans une étroite cage de fer. Pourtant nous attendions naïvement qu'il voulût bien sortir du cercle fatal et flotter vers la vallée sur le courant; secrètement irrités contre lui de ce qu'il tardât si longtemps à continuer son voyage, nous nous étions promis d'attendre son départ pour aller savourer en triomphe notre déjeuner. Mais hélas! le monstre ne mit point de terme à ses rondes et à ses plongeons, et, pressés par la faim, nous dûmes nous résigner à partir honteusement, en jetant un dernier regard de courroux sur le tronc d'arbre qui tournoyait toujours. Avant de se décider au départ, il attendait que le courant eût changé de niveau.

Non seulement l'eau s'écoule par des sinuosités sans fin, méandres, tourbillons et remous, mais aussi toute impulsion venue du dehors se propage en courbes et en rondeurs à la surface du ruisseau. Qu'une feuille tombe d'un arbre, qu'un grain de sable se détache de la berge, et sous le poids du faible objet, l'eau se plisse légèrement. Autour de la dépression se dresse un rebord circulaire, entouré lui-même par une petite fosse. Un second anneau concentrique, puis un troisième, puis un autre et d'autres encore se forment autour du premier; la surface entière du ruisseau se couvre de ronds, de plus en plus larges, espacés, indistincts. En frappant contre le rivage, chaque ourlet de l'eau se réfléchit en sens inverse et croise les vaguelettes qui le suivaient; d'autres séries de plis produits par la chute d'un nouveau grain de sable ou par un tourbillonnement de l'onde s'entremêlent aux premiers : une multitude de lignes, se propageant dans tous les sens, s'élèvent et s'abaissent comme les mailles d'un réseau dont le regard exercé peut seul distinguer la trame. Comparées à la largeur du ruisseau, ces faibles ondulations sont des milliers de fois plus hautes que les plus fortes vagues roulant à la surface de la mer. Réfléchis par la nappe mouvante, les arbres du bord, les branchages entre-croisés, les nuages du ciel se balancent, se tordent, se déplacent en ondulations rythmiques : l'immensité de l'espace semble danser sur le flot scintillant.

Si la masse liquide du ruisseau n'était pas entraînée vers la mer et restait immobile comme celle d'un lac ou d'un étang, chaque vaguelette concentrique s'y développerait en un rond d'une régularité parfaite; mais le courant est rapide, les molécules d'eau se déplacent sans cesse, et par conséquent le cercle régulier, comme la ligne droite, devient une pure abstraction. De cette déformation des cercles résulte une variété de plus dans l'entre-croisement des rides. Les inégalités du courant qui entraîne le système entier des ondulations modifient les courbes, soit en les rapprochant, soit en les éloignant les unes des autres : un obstacle comprime et fronce les vaguelettes; une impulsion rapide les écarte, les allonge, en polit la surface : aux dimensions de chaque intervalle entre les rides, on pourrait calculer exactement la vitesse de tous les petits courants partiels qui composent le grand courant. Sur les hauts fonds, où chaque caillou sert de digue pour arrêter le flot, où chaque passage entre deux galets est une écluse à travers laquelle l'eau se précipite, la nappe du ruisseau se trouve divisée en un nombre infini de petits triangles sphériques, réseau de rides qui est en même temps un réseau de lumière et qui fait vibrer et scintiller les pierres éclatantes du fond.

D'ailleurs, ce ne sont pas seulement des corps inertes qui rident la surface du ruisseau, ce sont aussi des êtres vivants qui, en se déplaçant eux-mêmes, déplacent constamment le centre des ondulations. Un poisson qui passe comme un dard donne à l'ensemble des vibrations la forme d'un ovale très allongé; l'insecte patineur, qui s'avance par élans successifs, laisse derrière lui deux sillages obliques enfermant des cercles inégaux; une autre bestiole, une abeille peut-être, tombée du haut d'un arbre, se débat en tournoyant et en agitant ses ailes d'une telle vitesse que l'eau est ridée d'une myriade de lignes vibrantes entre-croisant leurs innombrables cercles. La bizarre figure de géométrie qui s'agite avec tant de vivacité est lentement emportée par le fil du courant; mais voici qu'elle disparaît tout à coup. D'une bouchée, un poisson vient d'avaler l'insecte et d'arrêter tout son cortège de lignes tournoyantes.

Et moi aussi, tranquille contemplateur du ruisseau et de ses merveilles, je puis varier à l'infini l'aspect de la surface liquide en laissant ma main tremper dans le flot. Je la promène au hasard et chacun de ses mouvements modifie les ondulations de la nappe changeante. Les rides, les remous, les bouillonnements se déplacent; tout le régime du cours d'eau varie à ma volonté suivant la position de mon bras, et ces vaguelettes qui se forment sous mes yeux, je les vois se replier vers le courant, se mêler à d'autres ondulations et, de plus en plus affaiblies, mais toujours reconnaissables, se propager jusqu'au tournant du ruisseau. La vue de toutes ces rides obéissantes à l'impulsion de ma main réveille en moi une sorte de joie tranquille mêlée à je ne sais quelle mélancolie. Les petites ondulations que je provoque à la surface de l'eau se propagent au loin et, de vague en vague, jusque dans l'espace indistinct. De même toute pensée vigoureuse, toute parole ferme, tout effort dans le grand combat de la justice et de la liberté se répercutent, souvent à l'insu de nous-mêmes, d'homme en homme, de peuple en peuple et pendant la longue suite des âges jusqu'au plus lointain avenir. Mais si je me place à un autre point de vue et que j'envisage de haut la succession des choses, alors l'histoire de l'humanité tout entière n'est plus, suivant l'expression de Helmholz, qu'une ride presque imperceptible sur la mer sans bornes des temps.

CHAPITRE X

L'INONDATION

Pendant de longues heures de promenade, nous suivons du regard le fil du courant, et bien rarement la surface du ruisseau change à nos yeux. C'est toujours aux mêmes endroits, semble-t-il, que les feuilles en dérive entrent dans le remous et plongent en tournoyant; c'est aux mêmes endroits que l'eau s'étale en nappes, se plie en ondulations, se redresse en vagues, se précipite en rapides; c'est à la même hauteur, on le croirait du moins, que trempent les racines des vergnes et que la fleur du myosotis baigne dans l'eau transparente.

Pourtant la masse d'eau change sans cesse, et en même temps changent aussi la place des tourbillons, la forme des nappes et des ondulations, la hauteur des cascatelles, l'immersion des plantes et des racines d'arbres. Il serait facile d'apercevoir toutes ces petites variations du flot si, au lieu de mesurer l'eau d'un regard distrait, on en constatait la hauteur au moyen d'instruments de précision. D'ailleurs, si les oscillations du ruisseau sont très faibles pendant les beaux jours, alors qu'on aime à se promener au bord de l'eau courante, elles sont au contraire fortes et soudaines après les brusques changements de température et les grandes averses. Que, malgré la pluie, le vent et l'orage, on ne craigne pas de s'installer sur la rive, à l'abri précaire qu'offre le tronc d'un saule creusé par le temps, et l'on verra combien le ruisseau peut se gonfler avec rapidité, comment il double la vitesse de son courant, emplit son lit jusqu'aux bords et dépasse les berges pour se déverser sur les champs en culture.

Dans les gorges des montagnes, les crues et les inondations sont encore bien autrement soudaines. Là, les pluies que laissent tomber les nuages en se déchirant aux arêtes des rochers glissent aussitôt sur les déclivités; de tous les couloirs, de tous les ravins, accourent les filets d'eau et les torrents, pour se réunir en masse énorme dans les grands cirques ouverts à l'origine de presque toutes les vallées. A l'eau de pluie ou même aux amas de neige à demi fondue que la tiède averse a détachée des pentes, se mêlent les débris fangeux, les pierrailles, les quartiers de roche tombés des flancs de la montagne; dans le lit où, d'ordinaire, un petit torrent d'eau pure bondit en cascatelles argentines, coule maintenant avec fracas une sorte de bouillie, à demi liquide, à demi solide, qui est en même temps un déluge et un écroulement. Ce sont là les phénomènes qui, dans la série des temps, abaissent peu à peu les montagnes et les étendent en alluvions horizontales sur les plaines et sur le fond des mers. Ces fontaines des torrents finissent par avoir raison des plus hautes cimes; elles renverseront les Andes et l'Himalaya, comme elles ont déjà renversé des crêtes non moins élevées, que les géologues nous disent avoir existé jadis.

Je me rappelle encore la terreur d'une nuit passée au bord de la Chirua, petit torrent de la Sierra Nevada, dans les Etats-Unis de Colombie. La journée avait été fort belle; seulement, un orage avait éclaté, à quelques lieues de là, dans les gorges supérieures de la montagne, et cet orage même avait contribué à la beauté de la soirée : le soleil s'était couché dans sa gloire, et la splendeur de l'horizon empourpré avait été rehaussée par l'étrange contraste de ces nuages sombres aux reflets cuivreux, qui nous cachaient les cimes de quelques montagnes et d'où l'on entendait sortir un roulement continu. Du reste, à la tombée de la nuit, la violence de l'orage était brisée, le tonnerre se tut, les derniers éclairs s'éteignirent, et bientôt la lune, apparaissant au-dessus de la crête lointaine, sembla disperser dans le ciel les lambeaux de nuées, de même qu'un navire écarte de sa proue les îlots d'algues flottantes.

Plein de confiance, et fatigué par une longue course, je ne perdis point mon temps à chercher un gîte. La plage de sable fin brillait aux rayons de la lune et je voyais sans peine qu'elle m'offrirait une couche agréable, plus douce et moins humide que l'herbe de la forêt; en outre, j'étais sûr de ne pas mettre dans les ténèbres la main sur un serpent endormi, et, contre tout autre animal; j'avais l'avantage de me trouver dans un espace libre d'où je pouvais, à la moindre alerte, discerner mon ennemi. Je me débarrassai de mon havresac pour en faire un coussin, je débouclai ma ceinture, et, la main sur mon couteau, je m'assoupis. Heureusement, les moustiques ne cessèrent de troubler mon repos; tout en dormant d'un sommeil indécis, je laissais mon oreille encore vaguement ouverte aux bruits du dehors; j'entendais la fanfare triomphante des moustiques et les glapissements des singes hurleurs. Mais voici qu'à ce triste concert se mêle tout à coup un murmure grandissant comme celui d'une foule lointaine : ce sont des sanglots, des gémissements, des cris de désespoir. Mon rêve devient de plus en plus inquiet et se change en cauchemar; je me réveille en sursaut. Il était temps : mes yeux, écarquillés par la terreur, aperçurent en amont une sorte de muraille mobile précédée d'une masse écumeuse et s'avançant vers moi avec la vitesse d'un cheval au galop. C'est de ce mur d'eau, de boue et de pierres que s'échappait le fracas, terrible maintenant, qui m'avait réveillé. Je ramassai mon bagage à la hâte, et en quelques bonds j'eus gravi la berge du torrent. Lorsque je me retournai, la débâcle recouvrait déjà l'endroit où je venais de dormir. Les vagues heurtées et tourbillonnantes passaient en sifflant; des blocs de rochers, poussés par les eaux, se déplaçaient lentement comme des monstres réveillés de leur sommeil et s'entrechoquaient avec un bruit sourd; des arbres déracinés se redressaient hors de l'eau, plongeaient lourdement et se brisaient entre les pierres roulées; les berges tremblaient incessamment sous le choc des énormes projectiles que lançaient contre elles les eaux en fureur.

Pendant toute la nuit, la Chirua continua de mugir,

mais le fracas s'amoindrit peu à peu; l'eau, noire de débris, devint plus claire, les lourds rochers que poussait le flot s'arrêtèrent au milieu du courant. Lorsque les rayons du soleil répandirent à la surface du torrent leurs premières traînées d'étincelles, il me sembla que l'eau avait assez décru pour me permettre d'en tenter le passage et de continuer ma route : ayant noué mes habits en une sorte de turban que j'enroulai autour de ma tête, je me hasardai dans le flot, mais ce n'est point sans danger que j'atteignis enfin l'autre bord. Le flot rapide faisait trembler mes jambes et fléchir mes genoux, des rocs pointus me déchiraient les pieds, de grosses pierres venaient me heurter, le courant me poussait vers les rapides. Quand j'arrivai enfin sain et sauf sur l'autre rive, je regrettai de n'avoir pas eu la bonne idée du paysan autrichien, attendant naïvement sur le bord du Danube que le fleuve eût cessé de couler. Quelques heures après mon passage, la Chirua n'était plus qu'un filet d'eau serpentant au milieu des pierres, et de bloc en bloc j'aurais pu la franchir en quelques sauts.

Heureusement ces crues soudaines, que l'on devrait nommer des avalanches d'eau, changent d'allure à la base des montagnes. Dans la plaine, où la déclivité du sol est relativement faible et même tout à fait inappréciable au regard, la masse liquide du ruisseau perd de sa force d'impulsion et cesse de pousser devant elle les débris écroulés des escarpements : les blocs de rochers s'arrêtent les premiers, puis les grosses pierres et les cailloux ; à la fin, le torrent, devenu ruisseau, ne fait plus rouler que le gravier sur le fond du lit et ne porte en suspension que le sable fin et l'argile ténue. La fureur du déluge se calme, surtout après qu'il s'est mêlé à d'autres cours d'eau venus de régions distantes où les pluies ne sont point tombées, du moins à la même heure. Toutefois, en perdant de sa vitesse, le flot, sans cesse accru par les nouveaux apports qui lui viennent des gorges supérieures, doit nécessairement s'accumuler en masses plus considérables ; il gagne en largeur et en hauteur, il déborde de son lit trop étroit, et s'épanche latéralement par-dessus les rivages ; parfois, il transforme les campagnes riveraines en un véritable lac, où les eaux apportées par la crue se clarifient peu à peu en laissant tomber leurs alluvions. Pendant plus ou moins longtemps, la nappe jaune ou rougeâtre du lac remplace la verdure des prairies, jusqu'à ce qu'enfin la couche liquide ait pénétré dans le sol, ait été changée en vapeur, ou bien soit rentrée, après la crue, dans le lit du ruisseau.

Durant l'inondation, le petit cours d'eau, oubliant

ses habitudes pacifiques, se met à ravager et à détruire. Il emporte ses ponts, recreuse son lit, déplace ses remous et ses rapides, nivelle ses cascades, rase les parties de la berge qui s'opposent à sa marche, évide des grottes profondes à la base des falaises. Les herbes du fond sont arrachées, emportées en longs amas, et s'arrêtent aux rameaux des arbres ; plus tard, on les retrouve enroulées à cinq ou six mètres du sol, ou suspendues à l'extrémité des branches comme les nids de certains oiseaux d'Amérique. Les trous, les terriers des rives s'emplissent d'eau ou bien s'effondrent sous la pression du courant; les animaux, qui s'enfuient à l'aventure, se noient ou sont dévorés par les oiseaux de proie et les bêtes de la forêt; les cultures de l'homme sont dévastées et couvertes de fange. Pour le « dur laboureur », qui a concentré tout son amour sur la semence germant dans le sol et sur la tige verte frémissant au soleil, l'inondation, si belle, si majestueuse aux yeux de l'artiste, est le spectacle le plus terrible qu'il soit forcé de contempler.

Que sont pourtant ces petites oscillations annuelles, ces crues et ces baisses de niveau, comparées aux changements qui se sont accomplis pendant la série des âges? A des milliers de siècles d'intervalle, les fleuves peuvent devenir des ruisselets, et les ruisselets se transformer en fleuves ; les cours d'eau croissent et décroissent, se gonflent et se dessèchent, oscillent incessamment avec les continents et les climats. Tout change dans la nature. Le modelé des montagnes et des coteaux, les sinuosités des vallées, les dentelures du rivage et tous les traits du grand visage de la terre se modifient d'année en année. La chaleur tantôt s'accroît et tantôt diminue ; les pluies tombent à torrents pendant un siècle, puis, durant une autre période, sont très rares et manquent presque complètement sur un même point de la planète. Par suite changent aussi les cours d'eau dont la direction et le volume dépendent à la fois de toutes les conditions du relief et du climat.

Quant à notre ruisseau, il fut certainement jadis une large et profonde rivière. La vallée, dont les prairies et les champs occupent aujourd'hui toute la largeur, était remplie par les eaux et, sur les pentes opposées des collines, se voient encore d'anciennes berges, sculptées par le courant. L'espace aérien dans lequel les arbres de la rive balancent librement leurs têtes était occupé, jusqu'à vingt et trente mètres du sol, par une masse liquide énorme roulant vers la mer avec une vitesse de dix kilomètres à l'heure. C'est là du moins ce que nous ont dit des géologues, après avoir fait remuer le sol par des paysans et regardé longtemps dans la plaine et sur le versant du coteau les sables, les cailloux et les argiles charriés autrefois par le courant. La Seine, paraît-il, roulait jadis dans ses grandes crues presque autant d'eau que le Mississipi. Eh bien, notre ruisseau était puissant comme le Danube ; il eût porté des flottes, s'il eût existé à cette époque des hommes pour en construire.

Ainsi, pour voir l'humble ruisseau tel qu'il était à un autre âge de la planète, il faut nous transporter par la pensée sur quelque grand fleuve de l'Amérique du Sud. Combien le spectacle se trouve changé tout à coup ! Je me trouve seul, oublié, sur un îlot de sable, au milieu des eaux. En amont, en aval, je ne vois plus même la terre; la courbe vaporeuse de l'horizon unit la nappe grise du fleuve et la rondeur du ciel. L'une des rives est tellement éloignée que je n'en distingue point les sinuosités et que les arbres me paraissent se dresser au-dessus du flot comme une muraille de verdure. L'autre rive est rapprochée; mais la forêt empêche de voir les ondulations du sol : là, point d'échappée entre les troncs qui permette de voir des prairies, des champs, des rochers; les fûts pressés des arbres, les branchages entremêlés, les lianes et les nappes de feuilles des plantes parasites bornent complètement la vue. La masse de verdure, uniforme et grandiose, paraît sans limites : on dirait qu'au-dessous du ciel bleu, la surface entière de la terre n'offre que des arbres et de l'eau. Devant moi, coule le fleuve rapide, inexorable : bien différent du ruisseau charmant qui babille et murmure, il coule vers la mer sans fracas, presque sans bruit, mais avec une sorte de fureur ; qu'il rencontre un obstacle, aussitôt ses eaux se contournent en puissants tourbillons où plongent les objets entraînés pour reparaître à une grande distance au delà. Des arbres flottants, des herbes, emportés au fil du courant, se suivent en longues processions ; parfois un tonnerre se fait entendre, c'est l'écroulement d'un lambeau de forêt que les eaux avaient minée. Travaillant sans cesse à l'œuvre, le fleuve détruit et renouvelle constamment ses rivages, ses îles, ses bancs de sable ; comme l'ouragan, comme la tempête, il est une force de la nature modifiant à vue d'œil l'apparence extérieure de la terre.

Peut-être dans l'avenir, ce cours d'eau qui fut un fleuve et qui est maintenant un simple ruisseau, se desséchera-t-il assez pour qu'un passereau même puisse venir le boire. Le changement des rivages continentaux, l'abaissement graduel des hauteurs qui arrêtent les nuages de pluie et de neige, la marche différente que les vents humides suivront dans l'espace, le partage du bassin actuel en plusieurs vallées distinctes, enfin l'ouverture de canaux souterrains dans lesquels s'engouffreront les eaux peuvent avoir pour résultat l'asséchement des sources et la disparition complète du ruisseau. C'est ainsi que dans les déserts d'Afrique et d'Arabie, nombre de fleuves, autrefois considérables, ont cessé d'exister : leur lit s'est empli de sable et les indigènes ne les connaissent que par des traditions incertaines. Ce sont les chrétiens, disent-ils, qui ont fait disparaître ces eaux par leurs opérations magiques, et les vallées seront à jamais desséchées si quelque nécromancien puissant ne rouvre pas les fontaines. Parmi ces fleuves maudits du Sahara, il en est dont les vallées ont des centaines et des milliers de kilomètres de longueur. Là où roulaient autrefois d'énormes masses d'eau qui ont creusé le sol, le voyageur dort paisiblement pendant les nuits ; quand il veut étancher sa soif, il n'a d'autre ressource que de creuser le sable de sa lance pour y chercher une goutte d'eau, qu'il ne trouve pas toujours.

CHAPITRE XI

LES RIVES ET LES ILOTS

Il n'est pas besoin de remonter par l'imagination à des milliers de siècles en arrière pour voir le ruisseau, si modeste aujourd'hui, modifier la forme de ses rivages et déplacer son cours. Même pendant sa période d'étiage, alors que ses eaux sont au niveau le plus bas et cheminent lentement entre des touffes d'herbes aquatiques à demi desséchées, il ne cesse de travailler à changer son lit et à renouveler ainsi, dans la mesure de ses forces, l'aspect de la nature. Si ce n'est aux endroits où l'homme intervient pour régulariser la pente, nettoyer le fond et remplacer les rivages de terre friable par des palissades et des digues de pierre, le ruisseau, toujours désireux de changement, trouve le moyen de détruire peu à peu ses bords pour en reconstruire de nouveaux ; même là où des murailles l'ont dompté en apparence, il n'en cherche pas moins à faire sa trouée : il ronge la pierre, descelle sournoisement les assises, déchausse les fondations, et tout à coup le voilà, devenu libre, qui recommence à vaguer dans les champs.

Ces incessantes transformations de ses rives, le ruisseau les accomplit par un double travail : d'un côté, il démolit en emportant grains de sable, molécules d'argile, débris menuisés de rochers, fragments de racines usées par le flot ; de l'autre côté, il édifie en déposant tous ces restes en une couche qui s'élève peu à peu du fond de l'eau. Ainsi le courant, troublé par les alluvions dont il se charge dans ses érosions, travaille sans cesse à se clarifier de nouveau ; dès qu'il se ralentit, il s'épure. Peu de spectacles sont plus gracieux à suivre que celui des nuages d'alluvions transportés par le flot : ils cachent le fond de leurs tourbillons épais et jaunâtres, mais peu à peu ils deviennent plus légers, ce ne sont bientôt plus que des brumes indistinctes, puis ils s'évanouissent et l'eau reprend toute sa limpidité.

Dans les bassins où l'eau tournoie avec lenteur, l'épuration s'accomplit à la fois sur le fond et à la surface. Les débris de limon, les feuilles, les racines, les branches, imprégnées d'eau et tout alourdies, tombent et se déposent en bancs de vase. A la superficie, les graines des arbres, le pollen des plantes, les substances organiques en décomposition s'amassent en une couche grisâtre, que grossissent incessamment les flocons d'écume arrivant en îles, en îlots, en archipels épars. Autour de cette couche, assez épaisse pour cacher l'eau profonde, s'étend une pellicule transparente d'une excessive minceur, formée par des matières huileuses d'origine animale ou végétale. Sous le reflet de la lumière, cette pellicule brille de toutes les nuances de l'arc-en-ciel ; elle flotte sur l'eau comme un léger voile d'or, de pourpre, d'azur, et pourtant ce n'est pour ainsi dire qu'un rien visible, car les physiciens qui en ont mesuré l'épaisseur l'évaluent à peine à quelques millionièmes de millimètre. Parfois un soudain bouillonnement rompt cette couche irisée, et de petites nappes d'eau pure se dessinent en noir comme des lacs sur le fond coloré. Quant aux strates d'écume, les unes se plissent le long du rivage, les autres se reploient sur elles-mêmes sous l'impulsion du flot tournoyant, se recourbent en demi-cercles, en spirales, en ondulations bizarres. Par ses plis et replis d'écume, par ses couleurs diverses, ses taches, ses mouchetures, la surface du bassin ressemble à une couche de marbre poli, et, d'ailleurs, nul doute que les couleurs et les dessins si élégants des marbres et d'autres roches somptueusement nuancées, ne soient dus, comme les sinuosités de l'écume, aux lents mouvements des eaux déposant leurs alluvions.

Tous ces débris, aussi légers qu'ils soient, contribuent à exhausser le fond, et tôt ou tard, après des années ou des siècles, ils émergent de nouveau et, régénérant le terrain, se couvrent de végétation. Ce travail se fait lentement, mais il ne s'en fait pas moins, et chaque année, chaque jour, la forme du lit se trouve changée par ces dépôts continus. Partout où un obstacle retarde la force du courant, le flot ralenti cesse de pousser en avant les grains de sable du fond, et laisse tomber les molécules d'argile qu'il tenait suspendues. Qu'une pierre éboulée, qu'un arbre échoué, qu'un baquet de roseaux trouble la régularité du lit, aussitôt la partie tranquille du ruisseau située en aval déposera un petit banc de sable au-devant de cette digue, qui plus tard peut-être se transformera en îlot. Sur toutes les pointes basses où l'eau glisse et se traîne avec effort, les dépôts s'accumulent, les joncs prennent naissance et les rives exhaussées des petites péninsules gagnent incessamment sur la nappe du ruisseau.

Clarifié sans relâche par les aspérités du fond et de

ses bords, le courant, qu'avaient troublé en amont des eaux de pluie ou des épanchements de boue, reprendrait bien vite sa pureté complète si, dans sa marche serpentine, il ne démolissait pas d'un côté autant qu'il reconstruit de l'autre. Il s'attarde et se purifie sur les longues pointes sablonneuses, mais il se précipite de tout son élan contre les hautes berges et les sape à la base pour se charger de nouveaux matériaux. De courbe en courbe et de rive en rive, il alterne dans sa besogne. Il rend à droite ce qu'il a pris à gauche : le rythme des méandres se complète par celui du travail.

Dans les prairies qui ne sont protégées ni par une digue ni par une rangée d'arbres contre les efforts du ruisseau, les berges friables sont facilement démolies. L'eau qui vient les frapper les creuse en dessous ; mais, pendant quelque temps, les racines entremêlées du gazon retiennent la couche supérieure surplombant en corniche au-dessus de l'abîme. C'était notre grande joie, à nous tous, gamins du village, de courir adroitement le long de cette bordure tremblante, de la faire s'écrouler d'un coup de pied par énormes fragments et de nous enfuir assez tôt pour ne pas être entraînés dans sa chute. C'étaient de grands cris de joie lorsqu'une lourde masse de terre se détachait avec bruit et troublait au loin le courant ; mais plus d'une fois aussi la série de nos exploits se termina par un plongeon imprévu, et le malheureux naufragé, soudain calmé dans sa folle joie, s'en allait tout penaud dans la cabane d'un paysan pour y faire sécher ses habits à un feu de sarments improvisé.

Après les falaises de roche dure, les rives qui résistent le mieux à la force du courant sont celles que défend une puissante rangée d'arbres. Aunes, vergnes ou peupliers, ils servent pendant longtemps de remparts contre les invasions de l'eau. Leurs racines, enfoncées profondément dans la berge, sont comme autant de pilotis, tandis que les radicelles, s'agitant comme d'étranges chevelures et se déployant en longs faisceaux du rose le plus tendre, plongeant au fond du lit et par leurs milliers de fibres, s'étalent en véritables nattes. Lors des crues, quand la masse du courant a dissous et enlevé une partie de la terre qui entourait ces bouquets de petites racines, celles-ci n'en retardent pas moins la vitesse de l'eau, elles arrêtent les molécules de limon, les forcent à se déposer dans leurs interstices et remplacent par une couche de vase le rivage précédent. Ainsi protégées, les berges que menace la violence du flot se maintiennent longtemps et même pendant des siècles; dépourvues de végétation, elles changeraient constamment.

Néanmoins, le temps fait toujours son œuvre. Par suite d'un éboulis ou des travaux souterrains de quelque animal, la rive finit par présenter un point faible auquel le courant s'attaque pour tourner les palissades naturelles qui l'arrêtent. Les racines des arbres sont déchaussées, le vide se fait au-dessous, et par suite le tronc, privé d'un point d'appui, se penche vers le ruisseau. Mais alors, c'est l'arbre lui-même qui, par sa masse et le poids de son branchage, travaille à sa propre ruine. Les longues racines qui rampent sous le sol de la prairie doivent résister à un effort de plus en plus grand; elles cèdent sur un point, puis sur un autre, et l'arbre s'abaisse d'autant plus. Des lézardes s'ouvrent dans le sol travaillé par la tension croissante des câbles souterrains qui retiennent le géant; l'eau de pluie s'introduit dans ces fissures et les élargit; autour du tronc se creuse une dépression circulaire qui facilite encore le déchaussement des maîtresses racines. En un jour de tempête ou d'inondation, leur résistance finit par être vaincue : les attaches se brisent, le colosse s'écroule avec fracas, en ébranchant les arbres de la rive opposée sur lesquels il s'abat; lui-même, rompant quelques-uns de ses rameaux supérieurs, en enfonce profondément les tronçons dans le sol ébranlé. Il est devenu maintenant un gracieux pont rustique sur lequel on peut s'aventurer sans crainte. Il est vrai que l'accès en est assez difficile. D'un côté, l'entrée du pont est défendue par l'énorme éventail des racines arrachées et par l'amas de terre et de cailloux qui en remplissent les intervalles; de l'autre, les branches entremêlées et les éclats de bois obstruent le passage.

Dans une contrée vierge, où l'homme laisse, sans y intervenir, s'accomplir en leur temps les phénomènes de la nature, l'arbre resterait ainsi couché en travers du ruisseau pendant des années jusqu'à ce que l'eau changeât de cours, ou que le tronc, percé par les insectes, s'écroulât en poussière. En nos pays civilisés, c'est le cultivateur qui dépèce les racines à coups de hache, qui enlève le fût de l'arbre et débarrasse le sol de ses débris. Bientôt, tout le bois qui peut se vendre en beaux écus ou s'utiliser dans le foyer est emporté : il ne reste plus que des fragments de racines souterraines; toutefois l'eau, changeant de cours, finira tôt ou tard par entraîner la terre qui les entoure et par les laisser isolées dans le lit du ruisseau. Depuis de longues années déjà, les branches de l'arbre ont été détaillées en fagots et le tronc débité en planches, mais on voit jaillir du milieu de l'eau les tronçons de quelques anciennes racines pareilles à une rangée de pieux. La bonne nature a caché sous une gracieuse enveloppe

VII

LA PASSERELLE.

verte les déchirures du bois : sur ce vieux débris spongieux, une forêt de mousses, prospère comme un bosquet de palmiers sur une île de l'Océan. Tel fragment de souche se revêt, à la place de son écorce, de tout un monde de plantes gaies et verdoyantes.

Avant que la hache avide du bûcheron ait détaillé en poutrelles, en pieux et en copeaux l'arbre renversé, nous avons encore bien des jours heureux pendant lesquels nous pouvons nous hasarder sur la gracieuse passerelle, toute festonnée de guirlandes de lierre trempant dans le courant. La traversée n'offre point de péril, car le tronc est large et l'on pourrait au besoin y ramper en s'aidant de ses mains; mais on préfère passer d'une rive à l'autre en se tenant debout et en se servant de ses bras comme d'un balancier. C'est une joie de changer ainsi de rivage à son gré, de s'asseoir tantôt à l'ombre des vergnes, tantôt au pied des saules, d'aller de la prairie déjà fauchée et pleine de la senteur des foins à la pelouse encore toute diaprée de ses fleurs. Et puis on se revoit, par l'imagination, aux premiers siècles de l'humanité naissante, alors que le sauvage, trop inhabile pour construire lui-même des ponts sur les ruisseaux, se servait comme nous de ceux que lui fournissait la bonne nature.

Le voyage aérien au-dessus de l'eau que l'on voit s'enfuir rapidement sous ses pieds n'est pas moins agréable lorsque l'arbre renversé rejoint l'une des rives à un îlot du ruisseau. Les conventions de la vie ont réussi à faire de la plupart d'entre nous des êtres guindés et bizarres, humiliés de se sentir heureux d'un rien; aussi faut-il nous reporter aux jours naïfs de notre enfance pour comprendre la joie que nous donnait cette excursion de quelques pas sur une petite motte de terre entourée d'eau. Là, nous prenions des allures de Robinson : les saules naissant dans la vase autour du banc de sable étaient notre forêt; les touffes de gazon étaient pour nous des prairies; nous avions aussi des montagnes, petites dunes amassées par le vent au centre de l'îlot, et c'est là que nous bâtissions nos palais avec des branchilles tombées et que nous creusions des souterrains dans le sable. Les deux bras du ruisseau nous semblaient de larges détroits. Pour être plus sûrs de notre isolement dans l'immensité des eaux, nous leur avions même donné le nom d'océans : l'un était pour nous le Pacifique et l'autre l'Atlantique. Une pierre isolée que venait battre le courant se nommait la blanche Albion, et plus loin, une chevelure de limon arrêtée par le sable était la verte Érin. Il est vrai que par delà les îles et les mers, à travers le feuillage des vergnes, nous apercevions sur la colline le toit rouge de la maison paternelle; mais, enchantés au fond de la savoir si près, nous faisions semblant de ne point nous en douter : nous l'avions laissée de l'autre côté du globe.

Fréquemment, le tronc d'arbre détaché de la rive reste penché au-dessus du courant et son branchage ployé n'effleure pas encore les hautes herbes de la rive opposée. Cet arbre à demi tombé est aussi une sorte d'île où l'on peut s'aventurer sans crainte. Par suite de l'affaissement des terres, la base du tronc se trouve plongée dans l'eau et ceinte de roseaux flottants. D'un bond, il est facile de sauter sur cette île tremblante, puis, en étendant les bras pour maintenir son équilibre, on monte avec précaution et à petits pas sur l'arbre, qui s'incline et se relève comme un être vivant. Précisément au-dessus de l'endroit où le ruisseau est le plus profond et où l'eau fuit sous le regard avec le plus de rapidité, les grandes branches se séparent du tronc et se subdivisent elles-mêmes en rameaux recourbés par le poids de leurs feuilles. Que de fois, déjà devenu jeune homme et cherchant la solitude, je me suis assis sur le siège que m'offrait l'écartement des branches et me suis penché au-dessus du flot en laissant mes jambes se balancer dans le vide! Là, je pouvais à mon aise trouver la joie de vivre ou m'abandonner en paix à la tristesse. Du haut du belvédère branlant, je suivais des yeux le fil de l'eau, les petits remous du courant, les îles et les îlots d'écume, tantôt isolés, tantôt groupés en archipels, les feuilles tournoyantes, les longues traînées d'herbes, les pauvres insectes submergés et se débattant en vain contre l'inexorable flot. De temps en temps, mon regard, entraîné lui-même à la dérive comme tous ces objets flottants, se reportait plus haut pour se laisser entraîner encore avec une nouvelle procession de roseaux et de flocons d'écume. Joyeux ou mélancolique, je me laissais fasciner ainsi par le courant, symbole de ces flots qui nous roulent tous vers la mort, puis, en me dégageant avec peine de l'attraction de l'eau, j'élevais mes yeux vers les arbres feuillus tout frémissants de vie, vers les riches pâturages et vers les montagnes sereines rayonnant au soleil.

CHAPITRE XII

LA PROMENADE

Déjà si charmant et si varié pour le Robinson étendu sur son îlot ou perché sur un tronc d'arbre, l'aspect du ruisseau est bien plus gracieux encore pour le promeneur qui suit le rivage de méandre en méandre, cheminant tantôt sur les rochers enguirlandés de ronces, tantôt dans l'herbe épaisse des prairies, ou bien sous l'ombre mobile des rameaux agités. Tous cependant ne savent pas jouir de cette beauté des eaux courantes. Le malheureux qui se promène par fainéantise et pour « tuer » ses heures qu'il n'a pas la force d'employer, voit partout des objets d'ennui, même dans la cascade et le remous, dans les tourbillons d'écume et les herbes serpentines du fond. Pour savourer tout ce qu'offre de délicieux une promenade le long du ruisseau, il faut que le droit à la flânerie ait été conquis par le travail, il faut que l'esprit fatigué ait besoin de reprendre son ressort à la vue de la nature. Le labeur est indispensable à qui veut jouir du repos, de même que le loisir journalier est nécessaire à chaque travailleur pour renouveler ses forces. La société ne cessera de souffrir, elle sera toujours dans un état d'équilibre instable, aussi longtemps que les hommes, voués en si grand nombre à la misère, n'auront pas tous, après la tâche quotidienne, une période de répit pour régénérer leur vigueur et se maintenir ainsi dans leur dignité d'êtres libres et pensants.

Ah! baguenauder sur le bord de l'eau, quel repos agréable et quel puissant moyen pour ne pas retomber au niveau de la brute! Depuis que j'ai lu, je ne sais où, dans la prose d'un grave auteur latin, que Scipion le jeune et son ami Lœlius aimaient à muser sur le bord de l'eau, je me sens porté de sympathie pour eux. Il est vrai que Scipion était un homme de guerre, il a fait tuer et tué lui-même bien des honnêtes gens qui défendaient leur patrie contre l'envahissante Rome, il a fait brûler et saccager bien des villes; mais, en dépit de ces crimes, qui sont ceux de tous les chasseurs d'hommes, ce n'était point un conquérant vulgaire : au lieu de mettre son orgueil à passer dans une attitude majestueuse devant ses concitoyens, il ne craignait pas de s'amuser comme un enfant des faubourgs, il jetait des bâtons dans le courant et d'un tour de bras faisait glisser les pierres plates en longs ricochets sur le fleuve. Les graves historiens n'ont pas l'habitude de rappeler ce titre de gloire du grand guerrier, mais c'est là certainement ce qui le recommande le mieux à la bienveillance de la postérité.

Toutefois, il n'est pas nécessaire d'aller chercher des exemples dans l'antiquité romaine pour qu'il nous soit permis de savourer naïvement les jouissances de la nature. Inutile de compulser des bouquins poudreux pour nous convaincre qu'il est doux et bon de suivre le bord des ruisseaux et d'en contempler l'aspect changeant. Toutes ces images gracieuses que nous offrent les chutes, les rides entre-croisées, les broderies d'écume nous reposent promptement des ennuis du métier ou des lassitudes du travail ; elles nous relèvent l'esprit, même quand le regard fatigué vague au hasard sur les eaux sans s'arrêter à aucun objet précis. D'ailleurs, la vue du ruisseau nous restaure et nous renouvelle d'autant mieux que le spectacle lui-même se modifie de saison en saison, de mois en mois, de jour en jour. Grâce au paysage qui change autour de nous, nos idées rajeunissent aussi ; la vie ambiante qui nous pénètre nous empêche de nous momifier avant le temps.

Même dans la saison où la nature est le plus avare de ses richesses, le ruisseau nous charme par une physionomie nouvelle. Pendant les grands froids, ceux d'entre nous qui ne sont pas trop frileux peuvent assister à la lutte charmante que se livrent la glace envahissante et l'eau restée mobile. De chaque petit caillou, de chaque racine avancée, une aiguille de cristal, puis une deuxième, une troisième et d'autres encore s'allongent à la surface de l'eau, et de toutes ces lames rayonnent à droite et à gauche mille flèches transparentes : un réseau de glace, formé d'innombrables lamelles, se tisse sur la nappe frémissante. Bientôt une sorte de collerette gracieusement découpée oscille autour de toutes les pointes de la berge, de tous les bouquets de joncs, de toutes les rondeurs des souches qui baignent dans le flot, et chacune de ces franges de glace prend tour à tour le ton mat du verre dépoli et l'éclat du diamant, suivant le mouvement des vaguelettes qui l'agitent et la font reposer tantôt sur un coussin d'air, tantôt sur la masse même de l'eau. Gagnant peu à peu vers le large, la simple collerette de cristal s'agrandit, et recouvre à une grande distance

VIII

LE RUISSEAU S'ARRÊTE DE L'UN A L'AUTRE BORD.

du bord la partie tranquille du ruisseau. Seulement un étroit chemin, où passe le courant le plus rapide, reste ouvert entre les minces lames par lesquelles se terminent les pellicules glacées. Sur les parois des rochers qui bordent les cascades, les gouttelettes brisées s'étalent en couches de verglas, et l'eau qui s'épanche lentement des fissures du roc se durcit en longs pendentifs transparents, plus beaux que les stalactites des cavernes. Enfin, si la température continue de baisser, le ruisseau s'arrête de l'un à l'autre bord; parfois même, il se congèle jusqu'au fond : il s'est changé en une chaussée d'un marbre verdâtre, moucheté de blanc par les bulles d'air enfermées. Les cascades, devenues immobiles, sont remplacées par une masse solide, semblable de loin à un rideau de soie dont les plis ont cessé de flotter...

Mais, sous nos climats tempérés, il est rare que les hivers soient assez froids pour congeler ainsi les ruisseaux et les transformer en pierre; il est même des années pendant lesquelles on ne voit à la surface de l'eau que de simples aiguilles de glace. Dans les hivers ordinaires, les couches solides ne se rejoignent pas d'un bord à l'autre, et, dès la moindre hausse du thermomètre, elles se brisent sous l'effort du courant, s'émiettent en entre-choquant leurs fragments rompus et se fondent dans le flot qui les roule. La glace ne joue donc qu'un faible rôle dans l'histoire hivernale du ruisseau de nos contrées ; la véritable physionomie du cours d'eau lui vient alors de la neige qui recouvre les campagnes de la plaine.

L'effet de neige est remarquable surtout pendant les journées sans rayons, alors que le bleu du ciel est entièrement voilé par les vapeurs et devient même presque noirâtre par son contraste avec la surface de la terre éclatante. Le ruisseau a la couleur d'un gris de fer ; les herbes du fond ondulent tristement ; l'eau, si gaie, si doucement gazouillante pendant la saison des fleurs et des fruits, a quelque chose de dolent dans son cours. Quelques vieilles souches situées près du bord portent toutes leur turban de neige. Sur les berges, les touffes d'herbe jaillissent d'un fourreau de flocons blancs, si ce n'est immédiatement au bord de l'eau, où l'humidité qui suinte d'en bas a fait çà et là s'écrouler de petites avalanches. Des arbustes, les uns déjà secs depuis l'automne, les autres encore verts, se balancent faiblement au-dessus du mol édredon qui les entoure et du bout de leurs rameaux y tracent des courbes concentriques. Un sapin solitaire retient la neige sur ses rameaux étalés, grands éventails horizontaux, blancs à la surface, verts en dessous. Les autres arbres à l'écorce rugueuse qui dressent leurs troncs sur la rive ne sont blancs de neige que du côté tourné vers le vent; le reste de leur fût garde encore la couleur jaune ou brune, et leurs branches sont parsemées de quelques flocons à peine. Plus beaux peut-être qu'au printemps parce que leur fine ramure n'est pas voilée par la multitude des feuilles, ces arbres tout entiers se profilent dans le ciel avec leurs branches et leurs branchilles nuancées d'un violet délicat, et ces ramifications innombrables semblent d'autant plus élégantes que le reste de la nature est enseveli sous la couche monotone des neiges. Dans la plaine, les champs sont partout recouverts du tapis uniforme : on n'aperçoit de verdure que sur les rares prairies encore mouillées de l'eau des irrigations. Au loin, sur les hautes collines, les arbres pressés de la forêt laissent entrevoir à travers le fouillis de leurs branches, déjà rouges de boutons et de sève, quelque chose de doux à l'œil, comme le duvet d'un oiseau : c'est la neige tamisée qui saupoudre les broussailles et les fougères du sous-bois.

Tôt ou tard, vers la fin de l'hiver, de petites fleurs percent la neige et se montrent à nous, modestes et timides, comme la douce promesse d'un prochain renouveau. C'est qu'il vient en effet; la neige se fond sous l'air attiédi et se filtre dans le sol, ou bien, mêlée à la boue, s'écoule dans le ruisseau par toutes les fosses et les rigoles; la végétation, arrêtée pendant les froidures, reprend son élan. Tout semble renaître. Un souffle venu du midi a renouvelé la vie de l'arbre, celle du ruisseau et la nôtre elle-même. Le pâle hiver s'est enfui vers le nord, poursuivi dans l'espace par les rayons joyeux, et de l'homme à l'insecte, du brin d'herbe à la goutte d'eau, nous nous réjouissons tous de cette chaleur et de cette lumière que nous verse le soleil du printemps. Les bourgeons, si bien calfeutrés pendant l'hiver, si mollement entourés de laine, si solidement enveloppés d'écailles gommées, entr'ouvrent avec bonheur leur prison et dardent dans l'air libre leurs folioles vertes ; les oiseaux s'élancent en chantant du nid que la feuillée commence à voiler déjà; des moucherons, des libellules, sortis de leurs larves, tourbillonnent gaiement au soleil, et le long de l'eau, qui rit et scintille, s'épanouissent les fleurs jaunes des renoncules et des jacinthes; même les ruines croulantes, toutes revêtues de giroflées fleuries, semblent rajeunies, comme si le printemps, non moins que l'hiver, ne travaillait pas à les démolir. C'est avec ravissement que nous contemplons la beauté du ciel, de la verdure et de l'eau courante. Dans ce renouveau de l'année, nous nous sentons comme transportés vers la jeunesse du monde, à la naissance de l'humanité. Malgré le poids des siècles écoulés, nous nous sentons aussi jeunes que les premiers mortels s'éveillant à l'existence sur le sein de la mère bienfaisante ; nous sommes même plus jeunes qu'eux, puisque nous avons pleinement conscience de notre vie. La terre est aussi belle que le jour où elle nourrissait les Centaures, et nous, de plus que ces monstres, nous avons un cœur d'homme dans la poitrine.

Ce qui nous enchante surtout, c'est le jeu de la lumière qui pénètre dans les profondeurs de l'eau et nous y montre de si charmants spectacles incessamment modifiés par les rides et les ondulations de la surface. En nous penchant au-dessus du courant où l'ombre des arbres se tord en spirales et se dédouble en courbes serpentines, nous apercevons le fond avec ses cailloux qui semblent frémir, son sable qui frétille et ses herbes ondoyantes. Des branchilles, des feuilles se suivent sur la nappe rayonnante de l'eau, et leurs ombres, déformées par la réfraction, glissent au-dessus du sable et des planches couchées, dont les racines et les tiges brillent comme des fils d'argent. Quels que soient les contours de l'objet flottant, ils apparaissent toujours fortement modifiés par la lumière : la feuille, déployée en cœur ou prolongée en fer de lance, prend sur le fond l'aspect d'un disque ou d'un ovale ; la paille ou le jonc devient une rangée de petits cercles pareils à un collier dénoué ; l'araignée d'eau, patineur insubmersible qui remonte le courant par des élans soudains, est représentée sur le lit de sable ou de vase par cinq rondelles, dont l'une, la plus petite, figure les deux pattes de devant, tandis que les quatre autres, groupées deux par deux, se rapprochent ou s'éloignent suivant les mouvements de l'animal. Autour de chaque disque noir ou grisâtre, un cercle de lumière s'arrondit comme un cercle d'or pur : ombres et rayons, changés ainsi par le milieu qu'ils traversent, se suivent sur le fond et en varient incessamment l'aspect.

Le ruissellement de la lumière, déjà si charmant sur les pierres nues qui pavent le lit du ruisseau, l'est bien davantage encore là où le fond est caché par la multitude des plantes aquatiques. Les roches recouvertes par l'eau sont tapissées de mousses d'un vert sombre aux reflets d'argent ; les algues délicates qui forment le limon sont soulevées en pyramides par les bulles d'air qui se dégagent des sables et qui, semblables à des ballons enveloppés d'immenses cordages, brillent comme des perles sous le réseau frémissant des fibres soyeuses. Des faisceaux d'herbes, déployés en longues chevelures, ondulent en courbes serpentines sous l'effort du courant; avec le flot rapide, elles frétillent d'impatience; avec les nappes d'eau presque immobiles, elles se déroulent majestueusement; mais, lentes ou pressées dans leurs ondulations, elles fuient sous le regard à cause de leurs nuances variées, changeant incessamment de la blancheur mate au vert foncé. Ailleurs, des feuilles, ovales, lancéolées, triangulaires, s'élèvent en multitudes au-dessus d'un fouillis de plantes si bien entremêlées qu'elles semblent jaillir d'une même racine, et qu'une seule ride du ruisseau les agite toutes à la fois. Dans une anse au fond de laquelle les remous ont déposé une couche de vase, les nénuphars étalent leurs larges disques, où l'eau scintille en perles, et leurs belles fleurs blanches qui, pour nos ancêtres les Égyptiens et les Indous, étaient le symbole même de la vie. Plus loin, des joncs poussent en rangs pressés au milieu du ruisseau sur un banc qui se transformera tôt ou tard en îlot : les tiges inclinées vibrent sous la pression du courant comme par des mouvements convulsifs, et chacune d'elles s'entoure de vaguelettes où la lumière et l'ombre s'entre-croisent en un réseau sans cesse agité. Même certains arbres du bord contribuent à la richesse de la végétation aquatique par d'innombrables radicelles flottantes qui se déploient sur les racines en longues nattes roses.

Au milieu de ce monde des plantes frémit le monde sans fin des animaux. Des poissons, gris, bleuâtres, rouges ou blancs, glissent comme des éclairs dans l'eau pure, ou passent sous les guirlandes des forêts aquatiques comme sous des arcades triomphales. La vie est partout, sur le fond où des formes bizarres et indistinctes s'agitent dans le sable et la vase, au milieu du fourré des plantes frissonnant toujours des secousses que leur imprime une population cachée, à la surface où tournoient les gyrins, où s'élancent les patineurs, parmi les joncs où brille l'aile diaprée des libellules, sous les arbustes de la rive où resplendit comme un saphir le plumage du martin-pêcheur. A qui donc est ce ruisseau dont nous nous disons les propriétaires, comme si nous étions seuls à en jouir? N'appartient-il pas aussi bien, et mieux encore, à tous les êtres qui le peuplent et qui en tirent leur substance et leur vie? Il est aux poissons et aux nénuphars; aux moucherons qui volent en tourbillons au-dessus des remous, aux grands arbres que l'eau et les alluvions du ruisseau gonflent de sève. Entre tous ces êtres, qui cherchent à se faire la plus large part, sévit une guerre implacable; chacun, dans sa lutte pour l'existence, vit aux dépens de ses voisins. Quant à moi, je voudrais bien faire avec tous bon ménage, je tâche de respecter la fleur et l'insecte, et pourtant que de massacres je fais sans m'en apercevoir ! Je détruis des mondes d'infiniment petits lorsque j'étends sur l'herbe ma lourde masse ; je ravage des forêts, j'opère des cataclysmes dans l'histoire d'une peuplade imperceptible lorsque je grimpe sur un arbre pour balancer mes jambes au-dessus du ruisseau. Barbare, que d'atrocités j'ai commises, sans le vouloir, lorsque, dans mon jeune âge, je faisais l'école buissonnière, et m'installais dans le tronc caverneux des saules pour y lire à mon aise quelque roman ou pour y déclamer des vers d'une voix retentissante !

CHAPITRE XIII

LE BAIN

Quand on aime bien le ruisseau, on ne se contente pas de le regarder, de l'étudier, de cheminer sur ses bords, on fait aussi connaissance plus intime avec lui en plongeant dans son eau. On redevient triton comme l'étaient nos ancêtres.

Mais ce n'est pas chose toujours facile, et durant l'hiver, quand le vent froid siffle dans les rameaux, quand la neige couvre le sol ou que des lamelles de cristal se forment à la surface de l'eau, peu nombreux sont les gens de courage qui se hasardent à prendre leurs ébats dans l'eau glacée. Le contact de l'onde ruisselante donne, il est vrai, de la force à ceux qui ne craignent pas de s'y plonger ; toutefois, avant d'être accomplie, la cérémonie du bain peut nous sembler singulièrement redoutable. Il faut nous déshabiller à la hâte derrière un tronc pour être à l'abri du vent qui siffle ; il faut tâcher d'oublier le froid en nous étourdissant par la rapidité des gestes ; mais en vain, l'air nous saisit et nous rappelle à la dure réalité. A nos pieds l'eau coule sombre, rapide ; d'avance nous sentons qu'elle est glacée ; le souffle qui la ride nous fait frissonner aussi. Pour avoir moins à souffrir des violentes caresses du flot, il nous faudrait agir avec décision et nous élancer brusquement dans le ruisseau ; pourtant nous hésitons, et deux ou trois fois nous prenons notre élan avant de bondir pour le dernier saut.

Enfin, nous avons triomphé de nos puériles terreurs, nous décrivons notre courbe au-dessous du courant et nous sentons l'air siffler à nos oreilles ; l'eau qui s'ouvre sous nos têtes, mugit autour de nous : nous sommes comme perdus dans un abîme grondant qui se referme. Toutefois, en un clin d'œil, chacun de nous a repoussé du pied le fond du lit et revient à la surface ; mais pour ma part, je ne cesse de me débattre contre l'étreinte glaciale de l'eau dans laquelle je suis plongé : je nage en désespéré comme pour échapper au courant qui me poursuit ; une fois encore, pour l'acquit de ma conscience, je me submerge en entier ; puis, satisfait d'avoir accompli mon devoir, je me précipite vers la berge, que j'escalade à la hâte, j'essuie mon corps rougi par le froid, et je me glisse rapidement dans mes habits encore chauds. A mon agitation inquiète succède la tranquillité d'âme : au prix d'une souffrance de quelques instants, je suis devenu plus fort, plus dispos, plus heureux, et je promène un regard fier sur ce courant rapide et noir, qu'une minute auparavant je voyais avec une sorte de terreur.

Bien plus agréable, je l'avoue, est le bain froid lorsqu'on le prend en plein été dans une vasque profonde du torrent où coulent les premières eaux du ruisseau, dans la gorge des montagnes. Le flot, qui paraît glacial, même au simple regard, est de la neige à peine fondue qui ne s'est point encore adoucie en absorbant de l'air en abondance; elle garde toute sa crudité première, et sa couleur d'un bleu dur a je ne sais quoi d'hostile. D'avance on frémit; toutefois, ce n'est pas seulement de frayeur, c'est aussi de désir, et tout animé par la marche et la fatigue de l'ascension, on se jette avec volupté dans l'eau glacée. Les roches, les sables du fond brillent en jaune pâle à travers l'épaisse couche liquide; mais en quelques brassées, on se trouve déjà au-dessus de l'abîme; l'eau transparente ressemble à de l'air condensé, et cependant on ne voit plus de fond; on se croirait suspendu dans le vide et l'on nage avec

précaution comme si tout à coup on devait s'engouffrer.
Puis le froid vous saisit, vous étreint de plus en plus, et
d'un élan vous allez rejoindre la rive pour rappeler en
vous la chaleur de la vie et jouir de votre vigueur accrue.
O les lacs aimés des Pyrénées et des Alpes, Séculéjo,
Doredom, Lauzannier, je vous revois toujours, par la
mémoire, tels que je vous ai vus, alors qu'avec des amis,
je glissais rapidement à votre surface. Je vois les blocs
de granit entassés sur le bord, la forêt de sapins qui se
reflète dans l'eau ridée, les escarpements, les hautes
terrasses de pâturages, et plus loin les glaciers sour-
cilleux d'où s'élance la courbe ondoyante de la cascade!
Je vous vois aussi, belles sources des grands fleuves, qui
allez vous perdre dans la mer à des centaines de lieues
de votre origine. Que je ferme seulement les yeux, et ma
pensée se reporte aussitôt vers un joyeux torrent, la
Vésubie, la Gordolasque, la bruyante Embalire ou
vers tel autre gave de la libre montagne !

Au printemps, le ruisseau de la plaine ne donne
plus cette forte volupté de réagir contre le froid glacial
de l'eau, et les plongeons n'ont plus rien qui puissent
épouvanter. La tiédeur naissante de l'air s'est commu-
niquée à la masse liquide et la pénètre. Tous, jusqu'aux
enfants, peuvent rester à baguenauder dans l'eau fraîche. Les gamins, assis sur leurs bancs d'école, lèvent

IX

LA FORÊT DE SAPINS QUI SE REFLÈTE DANS L'EAU.

souvent les yeux de leurs livres d'étude et regardent avec avidité du côté du sentier qui descend vers le ruisseau. Puis, quand ils sont libres enfin, comme ils s'élancent avec joie vers l'endroit profond dans lequel ils vont s'ébattre! En quelques secondes les voilà délivrés de ceintures et de blouses; chacun d'eux est devenu un Neptune, « ébranleur de flots », et de toutes ses forces il travaille à soulever des vagues, à les changer en masses d'écume, à produire des tempêtes et des ras de marée en miniature dans le petit fleuve, qui pour une heure est devenu son domaine.

C'est en été, pendant les tièdes journées où l'air est immobile, qu'il est agréable de se faire triton. D'ailleurs, il n'est pas indispensable d'avoir douze ou quinze ans pour s'ébattre avec bonheur dans l'eau comme dans son élément; chacun de nous, si les conventions et les faussetés de la vie ne l'ont pas entièrement corrompu, peut retrouver les joies de sa jeunesse en laissant ses habits sur la berge. Quant à moi, je l'avoue, je suis encore enfant quand je m'élance dans le ruisseau bien-aimé. Après avoir satisfait mon premier enthousiasme en traversant à diverses reprises les bassins profonds où tournoient les eaux, puis en essayant de remonter les rapides et en soulevant autour de moi tout un chaos de vagues entre-choquées, je me repose et me laisse aller tranquillement au bonheur de vivre dans cette eau douce et caressante. Quelle joie de m'asseoir sur une pierre au-dessous de la nappe de la cascatelle, de sentir les flots ruisseler sur moi comme sur un rocher et de me voir disparaître sous un manteau d'écume! Quel plaisir aussi de me laisser entraîner par les eaux du rapide jusqu'à un écueil où je m'accroche d'une main, tandis que le reste de mon corps, soulevé par les vagues, flotte çà et là sous l'impulsion du courant! Ensuite, je me laisse emporter encore, et m'en vais échouer comme une épave sur un banc de sable où les cristaux de mica brillent comme des paillettes d'or et d'argent. Sous la pression de mon corps, le banc se creuse, les grains de silice, les petits cailloux se déplacent; des courants partiels, de faibles remous tourbillonnent autour de moi comme autour d'un îlot; nonchalamment accoudé, j'assiste au gracieux spectacle que m'offrent, au-dessous de la mince couche liquide, les transformations du banc de sable, rongé d'un côté par le courant et grandissant de l'autre par un apport incessant d'alluvions.

Parfois aussi le fond sur lequel le flot m'entraîne est revêtu d'une forêt d'herbes vertes, oscillant en molles sinuosités; elles me caressent, elles m'enlacent et me font un lit charmant. Est-ce l'eau, est-ce la chevelure onduleuse des plantes qui me soulève ainsi et me fait flotter à la surface du ruisseau? Je ne sais, du reste ma pensée se perd dans une sorte de rêve; il me semble même que je suis devenu partie du milieu qui m'entoure ; je me sens un avec les herbes flottantes, avec le sable cheminant sur le fond, avec le courant qui fait osciller mon corps ; je regarde avec une sorte d'étonnement les arbres qui se penchent au-dessus du ruisseau, les trouées du ciel bleu qui se montrent à travers le branchage, et le profil nettement dessiné des montagnes que j'aperçois à l'horizon lointain. Tout ce monde extérieur est-il bien réel? Moi aussi, comme le pêcheur de la légende, je vois la sirène merveilleuse me faire signe du doigt, je me sens attiré par son regard qui fascine, et j'entends résonner l'écho de son chant doux et perfide. « Ah! viens, viens avec moi et nous serons heureux. » Parfois je suis tenté d'envier le jeune homme qui cède à l'appel de la sinueuse ondine et dont la chevelure flottante va se mêler à celle des limons verts. Mais je sais qu'en se débarrassant des amers soucis de la vie, son existence elle-même va s'éteindre sous les caresses de l'eau pure et les ondulations de l'herbe frémissante. La nature a pour ses amants des séductions dont il faut savoir se défier comme de la voix des sirènes ou de la beauté de fée Mélusine. En nous faisant trop aimer la solitude, elle nous entraîne loin du champ de bataille où tout homme de cœur a le devoir de combattre pour la justice et la liberté! Oui, la nature est belle, nous devons en comprendre tout le charme, mais savoir en jouir avec une joie discrète, ne jamais nous abandonner à ses fatals enchantements.

Un des grands plaisirs du bain, plaisir dont on ne se rend point toujours compte, mais qui n'en est pas moins réel, c'est qu'on revient temporairement à la vie des ancêtres. Sans être asservis par l'ignorance comme le sauvage, nous devenons physiquement libres comme lui, en nous plongeant dans l'eau; nos membres n'ont plus à subir le contact des odieux vêtements, et avec les habits, nous laissons aussi sur le rivage au moins une partie de nos préjugés de profession ou de métier; nous ne sommes plus ni ouvriers, ni marchands, ni professeurs, ni médecins; nous oublions pour une heure outils, livres et instruments et, revenus à l'état de nature, nous pourrions être tentés de nous croire encore à ces âges de pierre ou de bronze, pendant lesquels les peuplades barbares dressaient leurs cabanes sur des pilotis au milieu des eaux. Pareils aux hommes des anciens jours, nous sommes libres de toute convention, notre gravité de commande peut disparaître et faire place à la joie bruyante; nous, civilisés, qu'ont vieillis l'étude et l'expérience, nous nous retrouvons enfants, comme aux premiers temps de la jeunesse du monde.

Je me rappellerai toujours avec quel étonnement je vis pour la première fois une compagnie de soldats s'ébaudir dans la rivière. Encore enfant, je ne pouvais m'imaginer les militaires autrement que sous leurs habits multicolores, avec leurs épaulettes rouges ou jaunes, leurs boutons de métal, leurs divers ornements de cuir, de laine et de toile cirée ; je ne les comprenais que marchant d'un même pas, en colonnes rectangulaires, tambours en tête et officiers en flanc, comme s'ils formaient un immense et étrange animal poussé en avant par je ne sais quelle aveugle volonté. Mais, phénomène bizarre, l'être monstrueux, arrivé sur le bord de l'eau, venait de se fragmenter en groupes épars, en individus distincts ; vêtements rouges et bleus étaient jetés en tas comme de vulgaires hardes, et de tous ces uniformes de sergents, de caporaux, de simples soldats, je voyais sortir des hommes qui se précipitaient dans l'eau avec des cris de joie. Plus d'obéissance passive, plus d'abdication de leur propre personne ; les nageurs, redevenus eux-mêmes pour quelques instants, se dispersaient librement dans le flot : rien ne les distinguait plus des « pékins », qui s'ébattaient à côté d'eux.

Malheureusement, un coup de sifflet se fit entendre, et le tirage s'opéra soudain : tandis que nous restions à folâtrer dans l'eau, nos camarades d'un moment s'enfuyaient pour aller reprendre leurs habits rouges et leurs boutons numérotés, et bientôt nous les vîmes s'éloigner marchant en rang et au pas sur la route poudreuse.

Depuis j'ai vu, sous d'autres climats que celui de la France, combien l'hostilité diminue tout d'un coup entre des ennemis qui viennent de se dépouiller des vêtements sous lesquels ils ont pris l'habitude de se voir et de se haïr. C'était près d'une ville de la côte de Colombie, à la bouche d'un profond ruisseau, qu'un étroit banc de sable où déferlent incessamment les vagues, sépare de l'Océan. Chaque matin, des centaines d'individus appartenant à deux races presque toujours en guerre se rencontraient à cette embouchure de ruisseau. D'un côté, c'étaient les descendants plus ou moins mêlés des Espagnols, qui venaient faire leurs ablutions quotidiennes; de l'autre, c'étaient les Indiens qui profitaient d'une trêve pour se rendre au marché de la plage. De rive à rive, on se jetait des regards de haine et des paroles d'insulte, car on se souvenait des combats et des massacres, des victimes étranglées, noyées, ensevelies vivantes; mais quand les guerriers rouges, dépouillant leur tunique, pareille à celle des Hellènes d'autrefois, apparaissaient dans la beauté resplendissante de leurs formes et s'élançaient dans la rivière pour la traverser en quelques élans, on oubliait l'antique haine et l'on se prenait même à les aimer. Malgré tout, n'étions-nous pas des frères! Eux aussi, me semble-t-il, nous regardaient sans colère, mais en abordant la rive, ils secouaient leur longue chevelure noire, s'éloignaient fièrement sans retourner la tête et disparaissaient bientôt à un tournant de la plage.

CHAPITRE XIV

LA PÊCHE

Le ruisseau n'est pas seulement pour nous l'ornement le plus gracieux du paysage et le lieu charmant de nos jouissances, c'est aussi pour la vie matérielle de l'homme un réservoir d'alimentation, et son eau féconde nourrit des plantes et des poissons qui servent à notre subsistance. L'incessante bataille de la vie qui nous a fait les ennemis de l'animal des prairies et de l'oiseau du ciel excite aussi nos instincts contre les populations du ruisseau. En voyant la truite glisser dans le flot rapide comme un rayon de lumière, la plupart d'entre nous ne se contentent pas d'admirer la forme élancée de son corps et la merveilleuse prestesse de ses mouvements, ils regrettent aussi de ne pas avoir saisi l'animal dans son élan et de n'avoir pas la chance de le faire griller pour leur repas. Cette terrible bouche armée de dents qui s'ouvre au milieu de notre visage nous rend semblables au tigre, au requin, au crocodile. Comme eux nous sommes des bêtes féroces.

Dans les siècles d'autrefois, alors que nos ancêtres ignoraient encore l'art de cultiver le sol et de semer le grain nourricier pour le faire lever en épis, l'homme qui n'avait pas recours à l'anthropophagie n'avait, pour s'alimenter, d'autres ressources que les racines déterrées dans le sol, les pousses des herbes savoureuses, les cadavres d'animaux tués dans la forêt et le poisson saisi dans la mer ou les eaux courantes. Aussi, pressé par le besoin, avait-il acquis, comme pêcheur, une adresse qui nous eût semblé merveilleuse. Non moins habile que le brochet ou la loutre, il manquait rarement la proie qu'il avait visée. Immobile sur le bord, semblable à un tronc d'arbre, il attendait patiemment que le poisson passât à la portée de sa main, et soudain il l'avait saisi et lui écrasait la tête sur une pierre. De même les Indiens encore sauvages de l'Amérique percent à coup sûr le poisson du javelot qu'ils lancent de la rive ou du dard qui s'échappe de leur sarbacane.

D'ailleurs, les ruisseaux et les fleuves étaient jadis bien autrement riches en poissons qu'ils ne le sont de nos jours. Après avoir capturé dans l'eau courante toutes les proies nécessaires au repas de la famille, le sauvage satisfait laissait les milliers ou les millions d'œufs déposés sur le sable ou dans les joncs se développer en paix. Grâce à l'immense fécondité des espèces animales, les eaux étaient toujours peuplées, toujours exubérantes de vie. Mais l'homme, que les progrès de la civilisation ont rendu plus ingénieux, a trouvé moyen de détruire ces races prolifiques dont chaque femelle pourrait, en quelques générations, emplir toutes les eaux d'une masse de chair solide. Dans son imprévoyance avide, il a même exterminé en entier nombre d'espèces qui vivaient jadis dans les ruisseaux. Non seulement il s'est servi de filets qui barrent la masse d'eau et en emprisonnent toute la population, il a eu aussi recours au poison pour détruire d'un coup des multitudes et faire une dernière capture plus abondante que les autres.

Toutefois, les vrais pêcheurs, ceux qui tiennent à honneur de s'appeler ainsi, réprouvent ces moyens honteux de destruction en masse qui ne demandent ni sagacité, ni connaissance des mœurs du gibier. D'ailleurs, par un contraste qui semble étrange au premier abord, le pêcheur aime toutes ces pauvres bêtes dont il s'est fait le persécuteur, il en étudie les habitudes et le genre de vie avec une sorte d'enthousiasme, il cherche à leur découvrir des vertus et de l'intelligence ; comme le chasseur qui parle des hauts faits du renard ou du sanglier, il s'exalte à raconter les finesses de la carpe et les ruses de la truite ; il les respecte presque comme des adversaires, il ne veut les combattre que de franc jeu et s'irrite que des braconniers indignes travaillent à en détruire la race.

Souvent, en me promenant le long du ruisseau, j'ai pu étudier à mon aise le pêcheur idéal, le tranquille pêcheur à la ligne, derrière lequel l'araignée tend paisiblement ses filets entre les branches. Il se serait bien passé de ma présence qui troublait ses rites religieux ; il ne tournait point la tête vers moi et ne faisait pas même un geste d'impatience, mais je sentais qu'il m'était hostile, et, de peur de soulever sa colère, je marchais sur l'herbe à pas étouffés, retenant mon haleine. Peu à peu, il ne voyait plus en moi qu'un trait du paysage comme une roche ou un tronc d'arbre, et moi, de mon côté, je pouvais l'admirer en conscience. Certes, il n'y a point de fraude en lui. C'est avec une foi sincère qu'il met son appât, qu'il jette sa ligne et pendant des minutes ou des heures attend qu'un poisson malavisé veuille bien mordre à son hameçon. Rien ne peut le détourner de son œuvre ; d'un regard aigu, il perce l'eau profonde ;

X

LE TRANQUILLE PÊCHEUR A LA LIGNE.

il voit l'imperceptible reflet luire vaguement sur une nageoire mal enfouie dans le sable, il distingue la marche du vermisseau sous la vase, il pressent, à certains frémissements de l'eau, le poisson caché sous l'herbe et qu'il ne voit pas encore; il interroge à la fois les rides et les remous, les stries du courant et les souffles de l'air; attentif à tous les bruits, à tous les mouvements, il promène sa ligne sur le fond ou la fait voleter à la surface, suivant les conseils que lui donnent les génies de la nature assemblés autour de lui. En si bonne compagnie, que lui importent les profanes! Il ne daigne seulement pas leur lancer un regard, bien mieux employé à deviner le poisson dans sa retraite.

Un jour, un aéronaute, enchevêtré dans les cordages de la nacelle, à demi-asphyxié par le gaz qui s'échappait de son ballon dégonflé, tomba au beau milieu de la Seine, entre les deux rangées de pêcheurs immobiles comme des statues le long des berges. Aucun ne bougea. Tandis que les bateliers détachaient à la hâte leurs canots pour opérer le sauvetage du naufragé, les pêcheurs persévérants restaient le bras en arrêt au-dessus des flots, espérant toujours la bienheureuse secousse qui devait les avertir de la capture désirée.

Du reste, nul homme n'a plus de fortitude que le

pêcheur contre le mauvais destin. Les poissons ont beau refuser malicieusement de se laisser prendre, ils ont beau raser le hameçon sans le happer, l'homme à la ligne, silencieux et prudent comme un héron sur patte, n'en tient pas moins son bras tendu et son regard fixé ; il ne se lasse point ; en s'asseyant au bord de l'eau, il a laissé derrière lui les passions humaines de l'impatience et de la colère. Dévoué à son œuvre, il attend, même sans espoir. J'ai connu un pêcheur que la male chance avait toujours poursuivi. Il ne prenait ni truite, ni tanche, ni goujon. Fort de ses douloureuses expériences négatives, il affirmait même que la capture d'un poisson était impossible et que toutes les histoires de pêches, miraculeuses ou autres, étaient de l'invention des mystagogues et des romanciers. Et pourtant, dès qu'il avait une heure de répit, ce sceptique, cet homme dévoué au malheur, saisissait sa ligne et, sans désillusion, sans naïf regain d'espoir, il jetait son hameçon au milieu des poissons moqueurs qui se jouaient en rôdant autour de l'inoffensif appeau.

En revanche, il est des pêcheurs qui semblent fasciner le poisson, l'attirer invinciblement. Le public badaud qui les regarde croit qu'ils exercent une sorte de magnétisme sur leur proie comme la couleuvre sur la grenouille ; on raconte que truites ou carpillons, en dépit d'eux-mêmes, vont mordre le hameçon fatal. Il n'en est point ainsi, car c'est à force de science que ces pêcheurs sont devenus pour nous des espèces de magiciens ordonnant aux victimes de marcher en procession vers le bout de leur ligne. S'ils attirent avec tant de succès le pauvre poisson hors de son nid d'herbes, c'est qu'ils connaissent tous les besoins, tous les appétits, toutes les ruses des bestioles, qu'ils surveillent leurs habitudes et jusqu'à leurs tics particuliers; à première vue, ils savent quel est le caractère de l'animal. En outre, ils ont appris par une longue expérience à combiner tous leurs mouvements; le regard, le bras, la main, la ligne, intelligente elle aussi, agissent de concert.

Bien rares toutefois sont ces pêcheurs de génie, et l'adepte les reconnaît à je ne sais quel rayon émanant de leur être. En 1815, lorsque pour la deuxième fois Paris, épuisé par quinze années de servitude militaire, entendait les canons prussiens rouler dans ses rues, deux hommes, insouciants de la cause publique, étaient tranquillement assis au bord de la Seine, la ligne à la main. Ils ne s'étaient jamais vus précédemment, mais chacun d'eux avait entendu célébrer la gloire d'un rival. Ils se reconnûrent, sans même se regarder, en apercevant seulement du coin de l'œil avec quelle sûreté de geste était manœuvré l'instrument, avec quelle intelligence l'appât allait chercher le poisson.

« Vous êtes le célèbre X..., sans doute?

— Pour vous servir, et c'est au fameux Y..., n'est-ce pas, que j'ai l'honneur de répondre? »

Grandville, caricaturiste souvent trop ingénieux, s'était imaginé de figurer les pensées intimes d'un pêcheur à la ligne, en montrant le pauvre homme avec la boîte osseuse ouverte et divisée en compartiments, suivant le système de Gall. Dans chacun des casiers cérébraux se tramait un crime affreux. Le pêcheur inoffensif, au visage si pur et plein de candeur, n'en songeait pas moins à perpétrer toutes atrocités possibles. Sous la bosse de « l'acquisivité », il forçait une serrure et volait des piles d'écus; sous la protubérance de la « sécrétivité », il écrivait un faux; dans la case de la « combativité », il assassinait un vieillard; dans un autre recoin du crâne, il enlevait la femme de son ami; que sais-je encore? Toutes les monstruosités imaginables se rêvaient dans ce cerveau. Certainement, l'artiste calomniait le pêcheur à la ligne, en lui prêtant ces hallucinations criminelles; tant qu'il a l'œil fixé et le bras raidi au-dessus de l'eau, l'honnête homme n'a point conscience des images fugitives, bonnes ou mauvaises, qui flottent dans sa cervelle; il est fasciné par des vaguelettes qui brillent, par les fossettes qui se creusent, par l'eau qui lui sourit et le poisson qu'il attend.

C'est peut-être à cause de cette étrange fascination exercée sur le pêcheur par les eaux libres du ruisseau que l'art de la pisciculture a fait si peu de progrès depuis les temps anciens. Des hommes par millions cherchent à surprendre le poisson sauvage qui se joue dans le flot; bien peu nombreux, relativement, sont ceux qui cherchent à élever leur proie en captivité, pour la saisir et la dévorer au moment qui leur convient. Dans tous les pays dits civilisés, la chasse n'est guère plus qu'un passe-temps, et la poursuite des bêtes sauvages a été remplacée par l'élève des animaux de boucherie. Seuls, les hommes de loisir ou de vanité qui cherchent à maintenir les traditions de leurs ancêtres ou à remplir l'oisiveté de leurs heures font de la chasse la principale occupation de leur vie; mais, depuis des milliers d'années déjà, les peuples aryens ont, d'évolution en évolution, cessé d'être chasseurs et se sont mis à cultiver la terre en prenant à la fois pour compagnon et pour victime le bœuf descendant de cet urus sauvage qu'ils poursuivaient dans les forêts. De nos jours aussi, l'Indien Peau-Rouge, que l'Américain pousse devant lui et qui voit les troupeaux de bisons se disperser au bruit des locomotives sifflant dans les prairies, apprend à mettre le bœuf sous le joug et passe sans transition de l'état de chasseur à celui de cultivateur du sol et d'éleveur de bestiaux. Mais, pour l'exploitation de la faune des eaux, les hommes en sont encore presque partout, si ce n'est en Chine, dans ce pays des gens bien avisés, aux pratiques rudimentaires de la barbarie primitive. Ils ont remplacé la simple perche par une ligne plus flexible et plus gracieuse, ils ont appris à tordre des fils plus minces et plus forts, ils ont perfectionné les hameçons, imaginé des appâts qui remplacent les insectes et les vers, même ils ont modifié le régime des cours d'eau en adaptant aux cascades des espèces d'escaliers à gradins, par lesquels les poissons venus de la mer peuvent remonter au loin vers les sources des ruisseaux; mais c'est d'une manière tout exceptionnelle encore qu'ils s'occupent de renfermer le poisson, de le féconder artificiellement, de le nourrir à la main et de manufacturer ainsi, par quintaux et par tonnes, de la chair de carpe, de tanche ou de truite, comme on fait de la viande de bœuf et de mouton.

Çà et là cependant des pêcheurs et des industriels ont tenté de remplacer la pêche par l'élève du poisson ; hommes de loisir pour la plupart, ils ont obtenu des résultats curieux, très utiles pour accroître notre connaissance des animaux et de leurs mœurs, mais à peu près insignifiants au point de vue économique. Dans une petite usine de pisciculture, cachée par les murailles d'un parc interdit au promeneur, j'ai pu me rendre compte de la science et de l'habileté profondes que devrait avoir le bon éleveur de poisson pour réussir dans son œuvre sans le secours d'un budget quelconque ou de revenus opulents. Le pisciculteur est tenu de tout savoir et de tout prévoir. Il lui faut connaître la nature du fond et des eaux qui conviennent à chaque espèce de poisson; il observe les phénomènes de l'air et les variations de la température pour saisir le moment favorable à l'extraction artificielle des œufs chez la femelle et de la laitance chez le mâle; il cherche à régler l'impulsion du courant et à lui donner juste le degré de force calculé d'avance; il étudie les œufs au microscope pour en extraire tous ceux qui ne lui semblent pas avoir la couleur ou la transparence nécessaires; il examine la laitance et la rejette si elle n'est pas suffisamment blanche et fluide. Que sais-je encore? Il apprend à se servir d'une foule d'instruments délicats, il nettoie les œufs avec un pinceau, enlève les champignons malsains au moyen de pinces, se sert de pipettes pour transvaser la graine de boîte en boîte, construit des frayères artificielles pour les œufs qui s'attachent aux herbes ou aux branchilles. Pendant toute la durée de l'incubation, il lui faut veiller avec soin pour empêcher les ennemis de toute espèce, brochets, insectes ou champignons, d'attaquer la population naissante; il lui mesure heure par heure le courant et la température convenables. Après l'éclosion, il lui faut savoir à temps nourrir les bestioles en leur donnant juste la pâtée qu'elles-mêmes auraient cherchée. Et puis, quand il aura fait toutes ces choses, il lui reste encore à prévenir ces choléras terribles qui tout à coup peuvent éclater dans sa couvée et l'exterminer en quelques jours.

Parmi les pisciculteurs, il en est qui réussissent à sauver ainsi de tout malheur le frai qu'ils veulent changer en gros poissons. A la vue de leur succès, quel triste retour n'a-t-on pas à faire sur les choses humaines, en songeant que tant de milliers et de millions d'enfants, bien constitués pour devenir des hommes, périssent encore au berceau, tués par l'ignorance et la misère? Certes, les enfants nouveau-nés devraient nous tenir plus à cœur que les saumoneaux, les carpillons et tout le fretin possible, et cependant les épidémies les emportent en foule. Nos hospices d'enfants, bien autrement précieux que tous les établissements de pisciculture, ne sont guère, le plus souvent, que des vestibules du cimetière. Les œufs des truites et des tanches auraient-ils plus de valeur à nos yeux que les malheureux enfants confiés à la société par leurs parents sans ressources, et devons-nous les défendre avec plus de soin contre les chances de mort?

Si jamais on arrive à domestiquer complètement les poissons d'eau douce et à manufacturer ainsi de la chair à volonté pour l'alimentation publique, certes il faudra s'en réjouir, puisque toutes les vies inférieures sont encore employées à sustenter la vie de l'homme; mais on ne pourra s'empêcher de regretter le temps où tous ces animaux nageaient en liberté. En voyant les cours d'eau régularisés et munis de caisses quadrangulaires où les jeunes poissons s'engraissent et s'habituent à l'esclavage, nos descendants penseront avec une sorte de tristesse à nos ruisseaux encore indomptés. De même que le récit de la vie sauvage dans les forêts vierges nous enchante, de même ils subiront le charme quand on leur parlera de la libre rivière où des bandes errantes ramaient contre le courant en frétillant des nageoires et de la queue, où le poisson solitaire se dardait d'une rive à l'autre comme un rayon à peine entrevu, où des forêts d'herbes flottantes frémissaient incessamment avec la foule cachée qui les peuplait. Comparé au gardien de l'étable à poissons, le pêcheur abrité sous l'ombre discrète leur apparaîtra comme une sorte de Nemrod, comme un héros des anciens jours.

CHAPITRE XV

L'IRRIGATION

Consolons-nous pourtant : dans l'avenir que nous prépare l'exploitation scientifique de la terre et de ses richesses, la première utilité du ruisseau ne sera pas d'être une usine de chair vivante, une sorte de garde-manger économique. L'eau, qui entre pour une si large part dans tous les organismes, plantes et animaux, ne cessera de s'employer surtout, comme elle le fait actuellement, à nourrir le monde végétal de ses bords. Bue par toutes les racines qui trempent dans le ruisseau, l'eau, monte de pore en pore dans les interstices capillaires du sol, gonfle de sève des multitudes sans fin d'arbres et d'herbages, et sert ainsi indirectement à la nourriture de l'homme par les tubercules, les tiges, les feuilles, les fruits, les graines qu'elle développe. C'est principalement dans le travail agricole que le ruisseau se fait l'auxiliaire de l'humanité.

Après le soleil, qui renouvelle toutes choses par ses rayons, et l'air, qui par ses vents et le mélange incessant des gaz est comme le souffle de la planète, l'eau du ruisseau est le principal agent de rénovation. Dans l'amour infini de changement qui nous possède, c'est avec ravissement que nous écoutons le récit des métamorphoses, surtout ceux d'entre nous qui sont encore enfants et que la connaissance des inflexibles lois ne trouble pas dans leur crédulité naïve. En lisant les *Mille et une Nuits*, notre esprit se complaît à voir les génies se changer en vapeurs, ou les monstres naître d'une traînée de sang; nous aimons à suivre les objets de la nature dans toutes les formes qu'ils affectent successivement, de même que dans l'air échauffé du désert nous discernons tantôt des palais à colonnades ou des armées en marche. Dans les fables de l'antiquité grecque, dans les mythes persans, dans les vieux chants indous, ce qui nous séduit aussi, ce sont les transformations de la pierre et de l'herbe, de l'animal, de l'homme et du dieu, symboles primitifs de l'enchaînement sans fin de la vie dans l'immense univers. De même, toute vieille tapisserie s'anime aux yeux de l'enfant et se peuple pour lui d'êtres vivants. Avec quelle

XI

LES TREMBLES POUSSENT HAUT ET DROIT.

foi simple ne regarde-t-il pas sur quelque toile éraillée l'image de Syrinx étendant les bras et déjà changée à demi en une touffe de roseaux, Procris prenant racine pour devenir peuplier, ou la nymphe Byblis se fondant en pleurs pour couler désormais sous forme de fontaine. Eh bien! des changements pareils à ceux qu'inventèrent l'imagination enfantine des peuples et les fictions des poètes ne cessent de s'accomplir dans le grand laboratoire de la nature; seulement, c'est par un lent travail intérieur, par transitions graduelles et non par de soudains miracles que s'opèrent ces innombrables transmissions de vie entre tout ce qui meurt et tout ce qui renaît. La gouttelette d'eau se change en cellule de plante; elle se change en graine, puis en en pain, et dans le corps de l'homme en parcelle de vie.

Il semble d'abord que le ruisseau ne puisse se transformer ainsi pour d'autres plantes que celles de ses rives. Sans doute, la végétation des berges qui aspire l'humidité par ses racines et boit par ses feuilles une vapeur abondante, est de beaucoup la plus vivace et la plus joyeuse; les vergnes, les peupliers, les trembles poussent haut et droit, leur bois tout gonflé de jus tend l'écorce lisse et la fait craquer sous l'effort; des herbes en touffes épaisses, des arbustes remplissent tous les interstices entre les troncs, le moindre espace vide est assiégé par des plantes désireuses de se rapprocher du ruisseau bienfaisant. Mais l'eau accomplit aussi son œuvre loin des rivages. Même pendant les sécheresses, elle suinte à de grandes distances à travers les berges pierreuses et sablonneuses et pénètre dans le sous-sol où elle abreuve les radicelles des plantes; après les pluies, quand le niveau du ruisseau s'élève, la percolation souterraine gagne et s'étend au loin sous les couches superficielles du sol des campagnes; enfin, pendant les crues, les eaux débordées renouvellent la terre, la saturent d'humidité, et fournissent ainsi les éléments de vie à la multitude des végétaux.

Certes, le spectacle est triste des champs envahis par l'inondation. Les haies, baignées jusqu'à mi-hauteur, désignent encore les limites si bien connues qui séparent la propriété de celle du voisin; les arbres fruitiers, penchés en avant par le flot, trempent dans l'eau bourbeuse l'extrémité de leurs rameaux salis; des courants, des remous ravinent le sol où croissaient les plus belles récoltes. Même sur le bord du lac temporaire, toutes les dépressions ouvertes par la charrue entre les sillons sont autant de fossés, et les ados se montrent seuls au-dessus de l'eau en longues rangées parallèles.

L'inondation, qui ruine ainsi l'espoir du paysan,

est un grand malheur, et pourtant, dans ses eaux redoutées, le ruisseau apporte un trésor pour les années à venir : en détruisant la récolte de l'année présente, il dépose de la boue fertilisante qui nourrira les récoltes futures. Le sol de la plaine, constamment sollicité par le travail du laboureur, s'épuiserait bientôt si les rochers de la montagne, triturés et tamisés par le flot, ne s'étalaient en couches sur les campagnes pour en renouveler la fécondité. Ainsi que le montrent les sondages géologiques, la terre végétale et le sous-sol tout entier sont des alluvions successivement amenées de siècle en siècle et déposées sur les assises de la roche : aucune plante n'aurait pu germer dans la vallée si la montagne ne se délitait pas sans cesse, et si le ruisseau n'employait pas chaque année ces débris à fournir un nouvel aliment à la végétation de ses deux rives. Mais comment faire pour empêcher les eaux débordées de ravager les cultures et recueillir en même temps toutes les alluvions fertilisantes? Comment régler les oscillations de niveau, de manière à en profiter sans avoir à en souffrir? Encore bien peu nombreux sont les agriculteurs qui ont su résoudre ce problème, qui ont trouvé le moyen de dompter le ruisseau et d'en diriger à leur gré les eaux et la boue. En été, le courant n'est qu'un petit filet liquide, et le laboureur se plaint;

en d'autres saisons, au printemps ou en automne, suivant les climats, le ruisseau déborde et le laboureur se plaint encore.

D'ailleurs, il se plaindra toujours, et avec raison, tant qu'il n'aura pas su s'associer avec son voisin pour utiliser de concert les ressources que lui offre l'eau courante. Actuellement, l'exploitation de ces richesses se fait dans le plus grand désordre et presque au hasard, suivant les caprices des propriétaires riverains, et le résultat de ces disparates est trop souvent le désastre pour tous. L'un égoutte le sol de son domaine en le drainant par des canaux souterrains, et par ces apports grossit ainsi le volume du ruisseau; un autre l'appauvrit au contraire en faisant des saignées à droite et à gauche pour arroser ses champs; un autre encore abaisse le niveau moyen des eaux en nettoyant le fond et en détruisant les arêtes des rapides et des cascades, tandis qu'ailleurs des usiniers relèvent la surface du courant en construisant des barrages. Ce sont des fantaisies contradictoires, des avidités en conflit, qui prétendent régler la marche du ruisseau. Que deviendrait un pauvre arbre, à quelles maladies monstrueuses ne serait-il pas condamné si, vivant encore, il était partagé entre plusieurs propriétaires, si des maîtres nombreux pouvaient exercer le droit d'us et d'abus, qui sur les racines, qui sur le tronc, les branches, les feuilles ou les fleurs? Le ruisseau, dans son ensemble, peut être comparé à un organisme vivant comme celui de l'arbre. Lui aussi, de ses sources nombreuses à son embouchure, forme un tout harmonique avec ses fontaines, ses méandres, les oscillations régulières de ses eaux, et c'est un malheur public lorsque la série naturelle de ses phénomènes est troublée par l'exploitation capricieuse de riverains ignares. C'est grâce à la science et au concours des efforts aujourd'hui divisés que le ruisseau pourra rendre aux populations les services qu'elles en attendent. Richesse commune à tous, c'est le travail associé de tous qui le transformera pour les campagnes en une véritable artère de vie.

Déjà nombre de travaux de drainage, de colmatage, d'irrigation, exécutés çà et là sur les bords des cours d'eau, nous permettent de discerner, dans un avenir plus ou moins éloigné, quel sera le régime de notre ruisseau : d'avance, nous le suivons du regard avec la prévision que nous donne la science. Comme aux temps anciens, avant l'exploitation brutale de la forêt, des sapins et des hêtres entremêlés croîtront sur les flancs de la montagne d'où s'épanchent les premières eaux; les racines saillantes, les mousses qui les recouvrent, les herbes qui les entourent et que la dent de la chèvre ne viendra plus arracher, arrêteront dans leurs descentes les gouttelettes de pluie et les filets de neige fondue; au lieu de s'écouler en torrents d'une heure, l'eau suintera dans l'intérieur du sol pendant les pluies, et, descendant lentement de pore en pore, reparaîtra dans le lit inférieur du ruisseau à l'époque des sécheresses. La portée moyenne du courant sera plus égale, et ne passera plus soudainement de la disette à la surabondance. Des ravins ne se creuseront plus sur les versants abrupts, et les prairies des vallons ne disparaîtront plus sous des amas de pierrailles. Des rigoles, placées en lignes parallèles sur les rondeurs alternativement saillantes et rentrantes des promontoires et des courbes, porteront la vie et feront germer les fleurs sur les pentes arides.

Il se pourrait que l'action régulatrice des forêts et l'emploi des eaux du torrent à l'irrigation des hautes prairies ne suffît pas à prévenir les crues soudaines lors de la chute des trombes. Mais on saura pourvoir à ce danger. La vallée n'offre pas la même largeur partout. En certains endroits, son fond nivelé s'étale en forme de cercle ou d'ovale, à la place d'un ancien lac graduellement comblé par les alluvions; ailleurs, les hauteurs rocheuses, qui s'élèvent à droite et à gauche du ruisseau, se rapprochent l'une de l'autre comme pour se rejoindre par une arête transversale, ne restent séparés que par une étroite fissure, au fond de laquelle s'enfuit l'eau mugissante. C'est là que se trouvait autrefois la digue que venaient battre les flots du lac. Lors des grandes pluies, ce rempart arrêtait les eaux grossissantes, les forçait à s'étaler en amont à la base des collines et ne les déversait qu'à mesure sur les plaines inférieures par le jeu naturel de ses cascades. La nature, par son incessant travail, a fini par démolir ce barrage; les troncs d'arbres, poussés comme des béliers par le courant, ont ébranlé la roche, l'eau s'est insinuée dans les fentes, et tôt ou tard le lac a pu se déverser entre les deux parois de la montagne ouverte. Eh bien! ce lac, l'homme peut le créer à nouveau, en régler à son gré la hauteur, la surface, la contenance; il peut dresser encore le barrage en calculant avec précision quelle doit être la force pour résister à la pression des eaux de crue. Possesseur de ce lac artificiel et de ce rempart à vannes mobiles, le cultivateur devient ainsi le maître des pluies et des sécheresses; il empêche les eaux soudaines des trombes de rouler en torrents dévastateurs sur les campagnes, il interdit au ruisseau de trop baisser de niveau pendant les chaleurs, et continue d'alimenter les canaux d'irrigation qui portent dans les champs la fraîcheur et la vie. Les alluvions qui s'amassent au fond du bassin lui serviront, en outre, à renouveler la vigueur de ses cultures, et, s'il le veut, il chargera le ruisseau lui-même de transporter tous ces débris sur le sol qui doit être fécondé. Espérons aussi, puisque nous songeons à l'avenir et que nous suivons nos rêves, espérons que les ingénieurs préposés à la régularisation du ruisseau sauront faire du bassin d'alimentation, non pas un réservoir vulgaire aux plages malsaines et puantes, mais un lac charmant et pur, ombragé de grands arbres et bordé de plantes aquatiques. Que l'artiste, aussi bien que le laboureur, ait plaisir à contempler ces eaux descendues des montagnes !

Le vrai danger dans l'avenir, c'est que l'eau, considérée à bon droit par l'agriculteur comme le plus précieux de ses trésors, ne soit utilisée jusqu'à la dernière goutte. Au lieu de menacer les champs de ses ravages, le ruisseau, saigné par d'innombrables canaux d'irrigation, pourrait bien tarir complètement et laisser dans la disette les riverains de son cours inférieur. Tel est le malheur qui arrive déjà dans plusieurs contrées du Midi : en Provence, en Espagne, en Italie, en Indoustan. A son issue des montagnes, le ruisseau tapageur semble vouloir courir d'une traite jusqu'à l'Océan ; il écume, il rage contre les pierres, il bondit de rapide en rapide, il emplit des vasques profondes d'un insondabl azur. Comme un beau jeune homme entrant dans la vie et ne doutant de rien, il a devant lui l'espace immense et veut en profiter ; mais à droite, à gauche, de perfides barrages, de petites écluses enlèvent à son courant de minces filets d'eau, qui vont se ramifier au loin dans les jardins et les prairies. Appauvri d'écluse en écluse par tous ces emprunts, le ruisseau se transforme en ruisselet, son eau retardée se traîne en serpentant sur les galets, puis disparaît sous les sables, que le laboureur creuse de sa pioche pour recueillir encore les dernières gouttes du précieux liquide. A peine est-il arrivé dans les campagnes unies, que le joyeux fils des monts s'est évanoui.

Toutefois, en échappant à son lit, l'eau ruisselante, divisée en artères et en artérioles sans nombre, n'en travaille que mieux. Réduite en filets assez minces pour être bue au passage par les radicelles des plantes, elle entre d'autant plus facilement dans le torrent de la circulation végétale pour se changer en sève, puis en bois, en feuilles, en fleurs, et se répandre de nouveau dans l'atmosphère en se mêlant aux senteurs des corolles. Dans la plaine, transformée en un jardin immense, on ne voit d'eau nulle part, et pourtant c'est elle qui donne au gazon la fougue de croissance et la fraîcheur ; elle qui revêt les parterres de fleurs et les arbustes de feuillage ; elle multiplie les branches et prête ainsi aux avenues ombreuses cette profondeur de mystère qui nous charme. Sous une autre forme, c'est elle qui nous entoure et qui nous ravit. Çà et là, nous entendons à nos pieds un murmure argentin, comme un bruit de perles roulant sur le pavé ; c'est le gazouillement de l'eau qui s'écoule dans un canal souterrain, et dont les reflets fugitifs nous apparaissent vaguement à travers les interstices des dalles. Près d'une maisonnette enfouie sous la verdure, un petit jet d'eau s'élance en aigrette balancée du vent, et les gouttelettes du brouillard irisé vont retomber au loin sur les fleurs en rosée de diamants.

CHAPITRE XVI

LE MOULIN ET L'USINE

Le vaillant ruisseau ne se borne pas à fertiliser nos terres, il sait aussi travailler d'une autre façon quand il n'est pas employé en entier à l'irrigation des champs. Il nous aide dans notre besogne industrielle. Tandis que ses alluvions et ses eaux se transforment chaque année en froment par la merveilleuse chimie du sol, son courant sert à réduire le grain en farine, de même qu'il pourrait aussi pétrir cette farine en pain s'il nous plaisait de lui confier ce travail. Pourvu que sa masse liquide y suffise, le ruisseau substitue sa force à celle des bras humains pour accomplir tout ce que faisaient autrefois les esclaves de guerre ou les femmes asservies à leur brutal mari : il moud le blé, brise le minerai, triture la chaux et le mortier, prépare le chanvre, tisse les étoffes. Aussi l'humble moulin, fût-il même rongé de lichens et d'algues, m'inspire-t-il une sorte de vénération : grâce à lui, des millions d'êtres humains ne sont plus traités en bêtes de somme ; ils ont pu relever la tête et gagner en dignité en même temps qu'en bonheur.

Quel souvenir charmant nous a laissé ce moulin de notre petite bourgade ! Il était à demi caché — peut-être l'est-il encore — dans un nid de grands arbres, vergnes, trembles, saules, peupliers ; on entendait de loin son continuel tic-tac, mais sans voir la maison à travers le fouillis de verdure. En hiver seulement, les murailles lézardées apparaissaient entre les branches dépourvues de feuilles ; mais dans toute autre saison il fallait, avant d'apercevoir le moulin, pénétrer jusque dans la cour, déranger le troupeau des oies sifflantes et réveiller dans sa niche le gros chien de garde toujours grognant. Cependant, protégé par l'enfant de la maison, notre camarade d'école et de jeux, nous osions nous approcher du cerbère, nous osions même avancer la main tout près de la terrible gueule et caresser doucement l'énorme tête. Le monstre daignait enfin se radoucir et remuait la queue avec bienveillance en signe d'hospitalité.

Notre site de prédilection était une petite île dans

XII

L'EAU BATTUE S'ÉCHAPPAIT.

laquelle nous pouvions entrer, soit en passant par le moulin construit transversalement au-dessus d'un bras du ruisseau, soit en nous glissant le long d'une étroite corniche ménagée en forme de trottoir à l'extérieur de la maison : c'est là que s'ajustaient les pelles et que le garçon meunier allait tous les matins régler la marche de l'eau. Il va sans dire que c'était là notre chemin préféré. En quelques bonds nous étions dans notre îlot, sous l'ombre d'un grand chêne à l'écorce usée par nos fréquentes escalades. De là le moulin, les arbres, le ruisseau, les cascades, les vieux murs se montraient sous leur aspect le plus charmant. Près de nous, sur le grand bras du ruisseau, une digue, formée de madriers épais, barrait le courant ; une cascade s'épanchait par-dessus l'obstacle, et des rapides écumeux venaient se heurter contre les piles d'un pont aux lézardes fleuries. De l'autre côté, la vieille masure du moulin emplissait tout l'espace, des arbres de la rive à ceux de l'îlot. Du fond d'une sombre arcade ménagée au bas des murailles, l'eau battue s'échappait comme d'une énorme gueule, et, dans la noire profondeur de l'ouverture béante, nous distinguions vaguement des pilotis moussus, des roues à demi disloquées, s'agitant gauchement comme l'aile brisée d'un oiseau, des palettes plongeantes déversant chacune sa cascatelle.

Autour de l'arcade, un lierre épais recouvrait les murs et, grimpant jusqu'au toit, enlaçait les poutrelles de ses cordages noueux et frémissait en touffes joyeuses au-dessus des tuiles.

Et dans l'intérieur de la maison, combien tout nous paraissait étrange, depuis l'âne philosophe, ployant sous le fardeau des sacs que l'on déchargeait près de la meule, jusqu'au meunier lui-même à la longue blouse enfarinée! Autour de nous, pas un seul objet qui ne s'agitât convulsivement ou ne vibrât sous la pression de la cascade invisible qui grondait à nos pieds et dont nous discernions çà et là par les interstices la fuyante écume. Les murs, le plancher, le plafond, tremblaient incessamment des puissantes secousses de la force cachée ; pour que notre regard échappât un instant à la vue de ce frémissement universel, il nous fallait fixer les yeux avec effort sur l'azur et les nuées blanchâtres de l'espace qui se montraient à travers une lucarne. Dans un coin sombre du moulin, l'arbre moteur tournait, tournait sans relâche comme le génie du lieu; des roues dentées, des courroies tendues d'un bout de la salle à l'autre transmettaient le mouvement aux meules grinçantes, aux trémies oscillant avec un bruit sec, à tous ces engins de bois ou de métal qui chantaient, geignaient ou hurlaient dans un concert bizarre. La farine, qui jaillissait comme une fumée des grains broyés, flottait dans l'air de la salle et saupoudrait tous les objets de sa fine poussière; les toiles d'araignées suspendues aux poutres du plafond s'étaient en partie rompues sous le poids qui les chargeait et se balançaient comme de blancs cordages; les empreintes de nos pas se dessinaient en noir sur le plancher.

Dans l'immense brouhaha des voix qui s'échappaient des engrenages, des meules, des boiseries et des murailles elles-mêmes, à peine pouvais-je entendre ma propre voix et d'ailleurs je n'osais parler, me demandant si l'habitant de cet étrange lieu n'était pas un sorcier. Son fils, mon camarade d'école, me paraissait moins redoutable, et même à l'occasion je ne craignais pas de me colléter avec lui; pourtant, je ne pouvais m'empêcher de voir aussi en sa petite personne un être mystérieux, commandant aux forces de la nature. Il connaissait tous les secrets du fond de l'eau; il pouvait nous dire le nom des herbes et des poissons, discerner dans le sable ou la vase le mouvement imperceptible à nos regards, révéler des drames intimes visibles à lui seul. Dans notre pensée c'était un véritable amphibie, et il s'en défendait à peine : il s'était promené sur le lit du ruisseau dans les endroits les plus profonds et mesurait de mémoire, à un centimètre près, les gouffres que nos perches n'étaient pas assez longues pour sonder. Il connaissait aussi sur tous les points la force du courant contre lequel il avait lutté à la nage ou à la rame : plus d'une fois il avait manqué d'être emporté par les roues et broyé sous les engrenages; familiarisé avec le danger, il le bravait d'autant plus, comptant toujours sur l'effort de son bras ou sur une corde secourable lancée au dernier moment. Un de ses frères, moins heureux, avait trouvé la mort dans un gouffre où l'avait entraîné le remous. Effarés, nous regardions le trou sinistre. Le père, plein d'une horreur sacrée, en avait fait murer le fond.

Le mystère qui pour nous entourait le vieux moulin ne planait pas sur la grande usine, située beaucoup plus avant dans la plaine, à un endroit où le ruisseau a déjà reçu tous ses affluents. D'abord, l'usine est une énorme construction qui, loin de se cacher sous les ombrages, se dresse au milieu d'un espace nu et dont la puissante masse pourrait être presque comparée, pour la hauteur, aux coteaux environnants. A côté de l'édifice, une cheminée, pareille à un obélisque, s'élève à dix mètres plus haut dans l'atmosphère et semble encore se prolonger vers le ciel par les noires volutes de fumée qui s'en échappent. Le jour, ses murs badigeonnés détachent l'usine sur le vert des prairies; le soir, lorsque le soleil se couche, des centaines de vitres s'allument sur la façade comme autant de regards flamboyants; la nuit, les lumières de l'intérieur rayonnent au dehors en faisceaux divergents et, comme la lueur d'un phare, brillent à dix lieues de distance.

A l'intérieur comme au dehors, l'usine ne présente que des angles droits et des lignes géométriques. Les grandes salles, pleines de la lumière qui entre à flots par les vastes fenêtres, ont néanmoins je ne sais quoi de terrible dans leur aspect. Des piliers de fer, se dressant à distances égales, soutiennent le plafond; des machines de fer agitent d'un mouvement régulier leurs roues, leurs bielles, leurs bras coudés; des dents de fer et d'acier saisissent la matière qu'on leur donne à diviser, à ronger, à broyer ou à pétrir de nouveau, et la rendent en pâte, en fils, en flocons ou en nuée à peine visible, ainsi que le lui demande la volonté maîtresse. De tous ces engins de métal qui s'agitent et grondent comme des monstres féroces, l'homme a fait ses esclaves : c'est lui qui les déchaîne après leur avoir donné la pâture; mais, tout maître qu'il est, il n'en doit pas moins trembler devant cette force brutale qu'il a domptée. Qu'il oublie seulement un instant de mettre son propre travail en harmonie parfaite avec celui de la formidable machine, que, sous l'impression d'un sentiment ou d'une pensée, il s'arrête dans ses va-et-vient rythmiques, et peut-être le puissant mécanisme qui, lui, n'a ni regrets ni espérances pour le ralentir ou l'accélérer, va le saisir et le lancer broyé contre la muraille; peut-être va-t-il l'entraîner par un pan de son vêtement, l'attirer dans ses engrenages et le réduire en une bouillie sanglante. Les roues tournent d'un mouvement toujours égal, qu'il s'agisse d'écraser un homme ou de tordre un fil à peine visible. De loin, quand on se promène sur les coteaux on entend le ronflement terrible de la machine qui fait vibrer autour d'elle le sol et l'atmosphère.

Cette force disciplinée, et néanmoins redoutable, des roues et des bras de fer, n'est autre chose que la puissance transformée du ruisseau, naguère indompté. Cette eau, qui jadis n'accomplissait d'autre travail que de renverser des berges et d'en créer de nouvelles, d'approfondir certaines parties de son lit et d'en élever d'autres, est devenue maintenant l'auxiliaire direct de l'homme pour tisser des étoffes ou pour broyer du grain. Guidé par l'ingénieur, le mouvement brutal de l'eau a pris la direction qu'on lui traçait : il s'est distribué dans les pinces les plus fines, dans les pinceaux les plus ténus, aussi bien que dans les engrenages les plus puissants de l'énorme machine; il brise et triture tout ce que l'on met sous le marteau-pilon, étire les barres de métal qui s'engagent sous le laminoir; mais il sait aussi choisir et mêler les fils presque imperceptibles, marier les couleurs, velouter les étoffes comme d'un léger duvet, accomplir à la fois les travaux les plus divers, ceux que ne pouvait même rêver un Hercule et ceux qui défieraient les doigts habiles d'une Arachné. En donnant sa force à la machine, le ruisseau est devenu un gigantesque esclave remplaçant à lui seul ces milliers de prisonniers de guerre et de femmes asservies qui peuplaient les palais des rois; toute la besogne de ces tristes animaux enchaînés, il sait la faire mieux qu'elle ne fut jamais faite, et que de choses en outre il peut accomplir! Bien utilisée, une cataracte comme celle du Niagara animerait un assez grand nombre de machines pour se charger du travail d'une nation.

Presque incalculables sont les richesses dont l'usine a gratifié l'humanité; et chaque année ces richesses s'accroissent encore, grâce à la force que l'on sait dégager des combustibles, grâce aussi à l'emploi plus savant et plus général de l'eau courante qui glisse sur le lit incliné des ruisseaux. Et pourtant, ces produits si nombreux qui sortent des manufactures pour enrichir l'humanité tout entière et pour aller, d'échange en échange, initier les peuplades les plus lointaines à une civilisation supérieure, laissent encore bien souvent dans une misère sordide ceux qui les mettent en œuvre. Non loin de la puissante usine dont les monstres de fer ont tant coûté, non loin de la magnifique demeure seigneuriale qu'entourent de beaux arbres exotiques importés à grands frais de l'Himalaya, du Japon, de la Californie, des maisonnettes en briques, noircies par la houille, s'alignent au milieu d'un espace jonché de débris sans nom et parsemé de flaques d'une eau fétide. Dans ces humbles demeures, moins hideuses, il est vrai, que les tanières de serfs dominées par le château du baron féodal, les familles sont rarement réunies autour de la même table; tantôt le mari, tantôt la femme ou les enfants en âge de travail, appelés par l'impitoyable cloche de la manufacture, doivent s'éloigner du foyer et se succéder au service des machines, travaillant elles-mêmes sans trêve ni repos comme le courant du ruisseau qui les met en mouvement. Parfois, la maison se trouve tout à fait vide, à moins qu'il ne reste dans un coin quelque nourrisson réclamant en vain sa mère par des vagissements plaintifs. Le pauvre enfantelet, enveloppé de langes humides, est encore tout chétif, à cause du manque d'air et de soins; tôt ou tard, il sera rongé de scrofules, à moins qu'une maladie quelconque, phtisie, variole ou choléra, ne l'emporte avant l'âge.

Ainsi, tout n'est pas joie et bonheur sur les bords de ce ruisseau charmant où la vie pourrait être si douce, où il semble naturel que tous s'aiment et jouissent de l'existence. Là aussi la guerre sociale est en permanence; là aussi les hommes sont engagés dans la terrible mêlée de la « concurrence vitale ». De même que les monades ou les vibrions de la goutte d'eau cherchent à s'arracher la proie les uns aux autres, de même sur la berge chaque plante cherche à prendre à sa voisine sa part de lumière et d'humidité; dans le ruisseau, le brochet s'élance sur l'épinoche, et celle-ci happe le goujon : tout animal est pour quelque autre animal au guet un plat déjà servi. Parmi les hommes la lutte n'a plus ce caractère de tranquille férocité; grâce à la culture du sol et à la mise en œuvre de ses produits, nous n'en sommes plus à nous entre-manger; mais nous nous regardons encore les uns les autres d'un œil oblique, et chacun de nous sait avec envie le morceau de pain que son frère porte à la bouche. Les spectres de la misère et de la faim se dressent derrière nous, et pour éviter, nous et nos familles, d'être saisis par leur effroyable étreinte, nous courons tous après la fortune, dût-elle même être acquise, d'une manière directe ou indirecte, au détriment du prochain. Sans doute nous en sommes attristés; mais saisis par un engrenage comme le marteau-pilon qui se soulève et qui broie, nous aussi nous écrasons sans le vouloir.

Cette lutte féroce pour l'existence entre hommes qui devraient s'aimer n'aura-t-elle donc pas fin? Serons-nous toujours ennemis, même en travaillant côte à côte dans l'usine commune? Parmi tous ceux qui de leurs mains ou de leurs têtes sont associés de fait à la même œuvre, les uns, de plus en plus enrichis, s'arrogeront-ils à jamais le droit de mépriser les autres, et ceux-ci de leur côté condamnés à la misère, ne cesseront-ils de rendre haine pour mépris et fureur pour oppression? Non, il n'en sera pas toujours ainsi. Dans son amour de justice, l'humanité, qui change incessamment, a déjà commencé son évolution vers un nouvel ordre de choses. En étudiant avec calme la marche de l'histoire, nous voyons l'idéal de chaque siècle devenir peu à peu la réalité du siècle suivant, nous voyons le rêve de l'utopiste prendre forme précise pour se faire la nécessité sociale et la volonté de tous.

Déjà, par la pensée, nous pouvons contempler l'usine et la campagne environnante telles que l'avenir nous les aura changées. Le parc s'est agrandi; il comprend maintenant la plaine entière, des colonnades s'élèvent au milieu de la verdure, des jets d'eau s'élancent au-dessus des massifs de fleurs, de joyeux enfants courent dans les allées. La manufacture est toujours là ; plus que jamais elle est devenue un grand laboratoire de richesses, mais ces trésors ne se divisent plus en deux parts, dont l'une est attribuée à un seul et dont l'autre, celle des ouvriers, n'est qu'une pitance de misère : ils appartiennent désormais à tous les travailleurs associés. Grâce à la science qui leur fait mieux utiliser la puissance du courant et les autres forces de la nature, les ouvriers ne sont plus les esclaves haletants de la machine de fer ; après le travail de la journée, ils ont aussi le repos et les fêtes, les joies de la famille, les leçons de l'amphithéâtre, les émotions de la scène. Ils sont égaux et libres, ils sont leurs propres maîtres, ils se regardent tous en face, aucun d'eux n'a plus sur le front la flétrissure qu'imprime l'esclavage. Tel est le tableau que nous pouvons contempler d'avance en nous promenant le soir près du ruisseau chéri, quand le soleil couchant borde d'un cercle d'or les volutes de vapeur échappées de l'usine. Ce n'est encore là qu'un mirage, mais si la justice n'est pas un vain mot, ce mirage nous montre déjà la cité lointaine, à demi cachée derrière l'horizon.

CHAPITRE XVII

LA BARQUE ET LE TRAIN DE BOIS

Pendant le cours des siècles, les progrès matériels de l'humanité peuvent se mesurer par les services que l'on a demandés au ruisseau. Actuellement, l'impulsion de son courant se transforme en force vive dans nos manufactures pour moudre, pétrir ou tisser; ses eaux et ses alluvions se changent en sève et en tissu végétal dans nos prairies et dans nos vergers; il est devenu notre grand auxiliaire dans l'agriculture et l'industrie. Autrefois, il n'en était pas ainsi. La forêt sans bornes recouvrait les plaines et les montagnes. Les sentiers qui serpentaient entre les arbres, de clairière en clairière, étaient rares, mal frayés, obstrués d'herbes et de broussailles; aussi le sauvage utilisait-il la nappe du ruisseau pour en descendre ou remonter le cours navigable sur le tronc d'arbre creusé qui lui servait d'embarcation.

De nos jours, grâce aux routes, aux chemins, aux sentiers qui traversent la campagne dans tous les sens, la navigation sérieuse a presque entièrement cessé sur le ruisseau ; on n'y vogue plus que pour le plaisir de ramer et de se sentir balancer doucement par l'onde ridée. C'est là pour l'homme une récréation physique des plus douces qu'il puisse se donner : à peine est-il possible de faire un rêve de bonheur sans s'imaginer aussitôt qu'on flotte avec des êtres aimés dans une barque dont la rame plonge à temps égaux dans le courant. Même quand on est seul, c'est une volupté réelle de pouvoir animer par son bras un de ces bateaux effilés qui fendent le flot comme des poissons. On se déplace à son gré : tantôt on est près de la cascade, tantôt sur le bassin tranquille ; ici l'on effleure le gazon des berges, plus loin on rase les troncs des saules ; on passe de l'avenue toute noire d'ombre à la nappe pailletée de la lumière qui tombe en pluie à travers le feuillage. Et puis, ne fait-on pas corps avec le bateau, de manière à former avec lui comme un étrange animal, à la fois homme et dauphin ? De ses longues rames, semblables à de puissantes nageoires, on creuse des remous de chaque côté de la barque ; on fait ruisseler les gouttes en perles à la

XIII

C'EST LA POUR L'HOMME UNE RÉCRÉATION PHYSIQUE.

surface de l'eau ; à sa guise, on ouvre le flot en sillons écumeux, et derrière soi on laisse un long sillage où vibre la lumière en lignes serpentines.

Malheureusement, sur le ruisseau les embarcations sont rares. A peine si des bateaux à une ou deux rames se mirent dans les bassins où les eaux s'accumulent avant de plonger sous les roues des usines et de mettre en mouvement meules et engrenages. Ailleurs, un vieux batelet, attaché par une chaîne à un pieu de la rive, est presque toujours enfoui sous les lames recourbées des glaïeuls et des iris ; sans doute il servait jadis à quelque pêcheur ; mais aujourd'hui ses planches sont disjointes, l'eau y pénètre de toutes parts, et les seuls navigateurs qui se hasardent à l'utiliser sont les gamins de l'école buissonnière : posant chacun de leurs pieds sur l'un des bordages, ils avancent avec précaution de manière à maintenir leur équilibre ; puis, se penchant de tout leur poids sur la gaffe, ils repoussent l'embarcation délabrée au milieu du courant, et, d'un saut vigoureux, bondissent sur la rive opposée ; parfois ils tombent dans la vase, mais la traversée s'est accomplie tant bien que mal, et ils s'en vont joyeusement cueillir des fraises ou des merises dans la forêt. C'est à cela que se borne pour les enfants la grande navigation sur le ruisseau. Toutefois, au printemps, ils fabriquent aussi de petits navires en creusant une branche de sureau ; ils y plantent un mât portant à son extrémité un fier drapeau rouge ou bleu, puis, avec des cris de joie, ils le lancent sur le flot en lui donnant un équipage de hannetons.

Désormais inutile pour le transport des voyageurs, le ruisseau l'est devenu également pour le flottage. Les forêts de la plaine ont disparu, remplacées par les prairies, les champs, les villages, et pour les arbres coupés sur les collines, les chemins ont fourni des moyens de transport moins capricieux que le courant des ruisseaux. Pour nous figurer l'aspect de notre petit cours d'eau et les services que lui demandaient nos ancêtres au bon vieux temps de la barbarie primitive, il nous faut traverser l'Océan et pénétrer, près des rivages de la mer des Antilles, dans une de ces forêts du Honduras, de la Mosquitie, du Yucatan, où les Caraïbes et les Sambos coupent l'acajou, le bois de rose, le cèdre, le campêche. Le ruisseau n'est qu'une large rue ouverte dans l'épaisseur de la forêt ; la nappe liquide, assombrie par le reflet des voûtes de feuillage, est unie comme une glace ; seulement, les flèches obliques de lumière, qui çà et là percent la ramure épaisse, font briller comme des paillettes d'or les plus petits insectes et jusqu'aux poussières de pollen ; les lianes, qui trempent dans le courant de l'eau, le rayent de minces sillons noirâtres où vacille un instant l'image des branches. Soudain, à un détour, apparaissent quelques hommes assis dans un arbre creusé et suivis d'un radeau de troncs immergés dans le courant; c'est le train d'acajou qui glisse silencieusement à la surface du ruisseau. L'équipage n'a guère qu'à se laisser aller à la dérive en accompagnant de sa cantilène la cadence des rames. D'ailleurs, si quelque obstacle se présente, si les troncs d'arbre s'arrêtent sur un banc de sable ou sur une roche cachée, les athlètes caraïbes, aux muscles puissants, au large torse de bronze, ont bientôt remis à flot le convoi tout entier, et, quand ils arrivent à la plage où les attendent les grands navires, un coup d'aviron leur suffit pour aborder. Qu'ils sont beaux, ces hommes de la nature, lorsqu'aux embouchures fluviales, et, plus héroïquement encore, en pleine mer, ils se hasardent dans leurs « pitpans » sur les vagues dansantes, et tantôt semblent s'abîmer, tantôt reparaissent au milieu de l'écume ! Combien aussi ces honnêtes barbares sont dévoués et sincères, et combien profond reste leur souvenir chez le voyageur fatigué qui a reçu l'hospitalité dans leur cabane ! L'histoire de leur race est celle de longs massacres; il n'est peut-être pas un de leurs ancêtres qui, pendant trois siècles après la conquête des Antilles, n'ait été brutalement massacré par un « civilisateur »; mais ils n'ont point gardé de haine, et, par leur touchante bonté, ils s'harmonisent avec leur ciel si pur, leur terre si féconde et leurs ruisseaux aux rives si charmantes.

La tâche de nos bûcherons d'Europe est bien autrement pénible. La destruction graduelle des forêts de la plaine les a forcés à continuer leur industrie dans les âpres gorges des montagnes. Au lieu de se laisser bercer doucement par le cours tranquille d'une eau sinueuse, il faut qu'ils disciplinent le torrent sauvage, qu'ils musèlent ce monstre furieux et tantôt l'arrêtent, tantôt le poussent en avant. Le danger les menace à chaque heure, et, s'ils évitent la mort, ce n'est que par la force, la souplesse, la gaieté, un héroïsme continuel. L'endroit même où ils travaillent a quelque chose de terrible, non durant l'été, sous le chaud rayon du soleil qui dore les feuilles des arbres et fait sourire jusqu'à l'horreur des précipices; mais dans la froide automne, quand les nuages passent en courant au-dessus des sombres ravins et laissent aux cimes des montagnes leurs lambeaux déchirés, quand le vent déjà glacé s'engouffre avec fracas dans les vallées étroites, et, comme un long tonnerre, va mugir au loin d'écho en écho. Là-haut, sur les sommets, s'étend la neige fraîchement tombée, et souvent les brouillards qui rampent sur le penchant des monts laissent derrière eux une triple traînée, ici de flocons blancs, plus bas d'un mélange grisâtre de neige et d'eau, plus bas encore de pluie. Pourtant, dans cette glaciale atmosphère, les bûcherons suent à grosses gouttes, car ils manient la cognée, et chaque coup qu'ils portent sur le tronc d'un arbre est lancé de l'effort de tous leurs muscles. En lutte avec l'énorme sapin qui, depuis des siècles, vivait librement sur le roc de la montagne, ils sont peu à peu saisis de cette rage qui s'empare toujours de l'homme acharné à détruire une autre existence. Comme le chasseur poursuivant une proie, comme le soldat cherchant à tuer son semblable, l'abatteur d'arbres s'exaspère dans son œuvre de destruction parce qu'il sent avoir devant lui un être vivant. Le tronc gémit sous la morsure du fer, et sa plainte est répétée de proche en proche par tous les arbres de la forêt, comme s'ils compatissaient à sa douleur et comprenaient que la hache se retournera contre eux.

Enfin le sapin vient de tomber lourdement sur le sol en brisant dans sa chute les branches des arbres voisins. Les bûcherons entourent le colosse renversé ; ils en coupent les rameaux et la partie flexible de la tige, puis, quand ils en ont fait une bille nue, ils le traînent au bord d'un de ces couloirs qui rayent le flanc de la montagne et par lesquels s'écroulent les neiges de l'hiver et les pierres désagrégées. Des centaines, parfois des milliers de troncs sont amenés successivement assez près du précipice pour qu'une simple poussée suffise à les lancer sur la pente.

Dès que tous les préparatifs sont achevés, la glissade commence : les troncs se mettent en mouvement sur le plan incliné ; d'abord lents, puis animés d'une vitesse de plus en plus grande, ils achèvent la dernière partie de leur course avec une rapidité vertigineuse, et, souillés de boue, dépouillés de leur écorce, entraînant avec eux des tourbillons de pierres, ils plongent dans le profond réservoir d'eau qu'on a formé par des barrages au-dessous du couloir. D'ordinaire, les arbres descendent ainsi d'un jet ; mais parfois la pointe d'un roc, un débris d'arbre rompu, les arrête dans leur glissade ; ils s'enfoncent dans le sol ou se placent en travers du canal de chute ; il faut alors qu'un bûcheron descende, souvent au péril de sa vie, qu'il dégage le tronc et lui fasse recommencer sa course vers la vallée.

Toutes les billes d'arbres, plus ou moins endommagées, sont enfin réunies dans le lac artificiel qu'on leur a ménagé ; entassées les unes sur les autres, empilées sans ordre, elles remuent faiblement sous la pression de l'eau dont on aperçoit çà et là le cristal bleuâtre et ridé. Comme des animaux fatigués que le berger vient d'enfermer dans un parc, elles se reposent en attendant le moment de s'enfuir. Rien de plus étrange la nuit que de voir haleter tous ces grands monstres étendus et ruisselants de lumière sous les rayons de la lune.

Un beau matin, tous les bûcherons, descendus de la montagne, sont groupés sur les rochers du défilé, à côté de la barricade qui retient les eaux du lac, et sur laquelle le surplus des eaux s'épanche en une mince cascade. Les troncs de sapins, les pieux, les contreforts qui consolidaient la digue sont retirés avec soin, puis, à un signal donné, la traverse qui servait de verrou à cette porte énorme est précipitée dans la gorge, la vanne se lève et la masse impétueuse des eaux, prenant tout à coup son élan, court avec fureur vers l'issue qu'on vient de lui ouvrir. Gonflée au centre afin de s'échapper par l'orifice en une colonne plus puissante, elle se reploie en cataracte pour aller rejoindre, grossir et changer en une rivière tonnante le paisible filet d'eau qui coulait sans bruit dans les profondeurs du défilé; mais la nouvelle rivière ne plonge pas seule, elle s'écroule avec les troncs d'arbres entassés dans le réservoir lacustre. Ceux-ci s'élancent vers la chute comme d'énormes traits; ils se heurtent, roulent et rebondissent, puis, en s'inclinant sur la cascade, ils s'entre-choquent encore, tournoient en montrant à travers l'écume les plaies rouges laissées par la hache, disparaissent un instant dans le gouffre pour surgir plus loin dans un bouillonnement de flots et s'enfuir en oscillant sur l'eau rapide. Ainsi se succèdent en une série de plongeons les centaines et les milliers d'arbres mutilés qui naguère se balançaient en forêt murmurante sur le versant de la montagne. Tous les bruits isolés se perdent dans l'immense tonnerre de ce lac et de cette forêt qui s'abattent ensemble dans le défilé sonore.

Lancés par la force de projection de l'immense éclusée, les troncs d'arbres filent par le courant à la suite les uns des autres, et derrière eux, sur les sentiers pierreux qui descendent en lacets des promontoires, courent les bûcherons. Matelots à leur manière, ils ont à diriger la navigation des flottilles de bois. Il leur suffit d'abord de bondir le long du torrent; mais bientôt il faut qu'ils interviennent directement, et c'est alors que les hardis compagnons ont besoin de toute la vigueur de leurs jarrets, de toute l'agilité de leurs bras, de toute la netteté de leur regard, de toute l'énergie de leur volonté. Un tronc d'arbre reste engagé dans un remous et tournoie en désespéré au-dessus d'un gouffre : c'est au bûcheron de le dégager de l'étreinte du tourbillon ; armé de sa perche au fer pointu, il descend au flanc de la roche de saillie en saillie, au risque de tomber lui-même dans le tournant des eaux, il s'accroche d'une main à une forte racine, et de sa perche repousse le tronc hors du cercle fatal dans le fil du courant. Plus loin, un autre arbre s'est buté contre un promontoire et, la tête prise dans une anfractuosité du roc, vibre sous la pression de l'eau, impuissant à recommencer sa course. Le sauveteur est obligé d'entrer dans le flot jusqu'à mi-corps et de saisir le tronc pour l'extraire des tenailles de la roche et le relancer vers le milieu du ruisseau. Ailleurs, dans un défilé, une bille s'est mise en travers du courant, et, retenue par deux pointes opposées, elle sert de digue pour arrêter toutes les poutres qui la suivaient. Un barrage se reforme, barrage irrégulier, bizarre enchevêtrement de troncs inégaux, les uns flottants encore, les autres redressés, qui s'accroît sans cesse de tous les débris, de toutes les branches que lui apporte le courant. C'est là que les conducteurs du convoi ont à regarder la mort en face. Les eaux, retenues par la barrière de troncs entassés, ont élevé leur niveau comme le fait un canal en amont d'une écluse fermée, et s'épanchent en rapides et en cascades par-dessus l'obstacle ; le torrent, rejeté hors de son cours normal, s'élance en bouillonnements soudains ; les monstres couchés s'agitent convulsivement et se redressent en faisant grincer et gémir leur bois meurtri. C'est à ce chaos mouvant qu'il faut s'attaquer pour lancer de nouveau le convoi. Les vaillants hommes se hasardent sur cet échafaudage trompeur qui tremble sous leurs pieds ; ils détachent un à un tous les troncs supérieurs et les font rouler par-dessus la digue dans la partie libre du courant ; mais qu'un arbre à demi dégagé se redresse à l'improviste, que le pied leur glisse sur le bois lisse et mouillé, qu'un jet d'eau, qu'un bouillonnement du flot vienne inopinément les heurter, qu'une perche tombée dans le courant rebondisse vers eux, pointue comme une lance, ils risquent toujours d'être renversés, livides et sanglants, à côté des sapins morts et de flotter en leur compagnie sur l'eau du ruisseau. Ceux qui, à force de courage, d'adresse et de bonne chance, échappent à tous ces périls, ceux qui, de la plus haute écluse à la scierie, savent conduire leur flottille de sapins sans qu'il leur arrive malheur, ont certes raison de se féliciter ; mais qu'ils attendent des semaines et des mois avant d'être rassurés entièrement, car le cortège des maladies les suit de son pas boiteux.

D'ailleurs, il arrive parfois que leurs efforts sont

vains pour amener les sapins sous la scie qui doit les dépecer en poutrelles et en planches; l'eau manque dans le ruisseau, et malgré toute l'ingéniosité et la force des travailleurs, ils ne peuvent parvenir à faire flotter les lourdes masses, qui s'arrêtent çà et là sur les bancs de galets et sur les pointes de rochers. Ils sont obligés d'attendre les crues, qui remettent à flot tous les troncs échoués; mais alors ceux-ci, emportés quelquefois trop tôt et trop vite, dépassent les berges où on les attend et vont au loin courir le monde, en dépit des ouvriers qui les guettaient au passage. Au débouché des rivières qui descendent des Apennins dans la Méditerranée, des multitudes de sapins, tout à coup surpris par les inondations, vont s'égarer ainsi dans la mer et y former des brisants mobiles, que le marin étranger prend de loin pour des écueils. Les bateliers, qui s'élancent à la poursuite des troncs échappés, vont les pêcher comme des cachalots, et les ramènent attachés à l'arrière de leur barque.

Tôt ou tard, cette industrie du flottage, actuellement reléguée dans les gorges des hautes montagnes les plus difficiles d'accès, aura cessé d'exister. Les routes et les chemins carrossables montent peu à peu du fond des vallées pour escalader les promontoires et pénétrer dans les cirques les plus élevés des monts; les chemins de fer, les plans inclinés et tous les engins puissants inventés par l'homme viennent se mettre au service du bûcheron pour lui faciliter la tâche ; les forêts, assiégées par les cultivateurs, battent en retraite vers les cimes, et là où elles se maintiennent, là même où elles gagnent en étendue, elles prennent un aspect tout nouveau, car les arbres, au lieu de croître en liberté, sont plantés en quinconces à des distances régulières et poussent sous la surveillance de gardes forestiers qui les coupent avant l'âge. Nos descendants ne connaîtront plus que par tradition le flottage des bois, cette rude ébauche de la navigation, qui sans doute inspira aux sauvages ancêtres de Cook et de Bougainville l'idée de se hasarder sur les flots de l'Océan. Disciplinées désormais, les eaux des ruisseaux ne nous rendront plus même pour le transport le service bourgeois de charrier dans nos villes des radeaux de bois à brûler, sarments, bûches et fagots.

CHAPITRE XVIII

L'EAU DANS LA CITÉ

Dans nos pays de l'Europe civilisée où l'homme intervient partout pour modifier la nature à son gré, le petit cours d'eau cesse d'être libre et devient la chose de ses riverains. Ils l'utilisent à leur guise, soit pour en arroser leurs terres, soit pour moudre leur blé; mais souvent aussi ils ne savent point l'employer utilement; ils l'emprisonnent entre des murailles mal construites que le courant démolit; ils en dérivent les eaux vers des bas-fonds où elles séjournent en flaques pestilentielles; ils l'emplissent d'ordures qui devraient servir d'engrais à leurs champs; ils transforment le gai ruisseau en un immonde égout.

En approchant de la grande ville industrielle, le ruisseau se souille de plus en plus. Les eaux ménagères des maisons qui le bordent se mêlent à son courant ; des viscosités de toutes les couleurs en altèrent la transparence, d'impurs débris recouvrent ses plages vaseuses, et lorsque le soleil les dessèche, une odeur fétide se répand dans l'atmosphère. Enfin le ruisseau, devenu cloaque, entre dans la cité, où son premier affluent est un hideux égout, à l'énorme bouche ovale, fermée de grilles. Presque sans courant, à cause du manque de pente, la masse boueuse roule lentement entre deux rangées de maisons aux murailles recouvertes d'algues verdâtres, aux boiseries à demi rongées par l'humidité, aux enduits tombant par écailles. Pour ces maisons, usines malsaines où travaillent les mégissiers, les tanneurs et autres industriels, le courant vaseux est encore une richesse, et sans cesse les ouvriers vont y puiser l'eau nauséabonde. Les berges ont perdu toute forme naturelle ; ce sont maintenant des murailles perpendiculaires où sont ménagées çà et là quelques marches d'escaliers ; les rivages sont pavés de dalles glissantes ; les méandres sont remplacés par de brusques tournants ; au lieu de branches et de feuillage, des vêtements sordides suspendus à des perches se balancent au-dessus de la fosse, et des barrières en planches, jetées d'un quai à l'autre quai, marquent les limites des propriétés au-dessus du flot noirâtre. Enfin, la masse boueuse pénètre sous une sinistre arcade. Le ruisseau que j'ai vu jaillir à la lumière, si limpide et si joyeux, hors de la source natale, n'est plus désormais qu'un égout dans lequel toute une ville déverse ses ordures.

A quelques kilomètres d'intervalle, le contraste est absolu. Là-haut, dans la libre campagne, l'eau scintille au soleil, et transparente, malgré sa profondeur, laisse voir les cailloux blancs, le sable et les herbes frémissantes de son lit; elle murmure doucement entre les roseaux; les poissons s'élancent à travers le flot comme des flèches d'argent et les oiseaux le rasent de leurs ailes. Des fleurs naissent en touffes sur ces bords, des arbres pleins de sève étalent au loin leur branchage, et le promeneur qui suit la rive peut à son aise se reposer à leur ombre en contemplant le gracieux tableau qui s'étend entre deux méandres. Combien différent est le ruisseau sous le pavé retentissant des villes! L'eau est bien la même en substance, mais seulement pour le chimiste; elle est mélangée de tant d'immondices qu'elle en est devenue visqueuse. Plus de lumière dans la sombre avenue, si ce n'est de distance en distance un rayon qui passe entre deux barreaux de fer et se répercute sur la paroi gluante. La vie semble absente de ces ténèbres; elle existe pourtant : des champignons, nourris de pourriture, se blottissent dans les coins; des rats se cachent dans les trous, entre les pierres descellées. Les seuls promeneurs qui s'aventurent dans ce triste séjour sont les égoutiers chargés de rétablir le courant en enlevant les amas de fange, et les « ravageurs », faméliques industriels qui, perchés sur le bourbier fétide, le remuent de leurs mains pour y trouver quelque menue monnaie ou d'autres objets tombés de la rue par les soupiraux.

Enfin, la masse infecte, aidée soit par le râteau des ouvriers, soit par de soudains orages, arrive à la rivière et s'y déverse lourdement. Noire ou violacée, elle rampe le long des quais, et reste distincte de l'eau relativement pure du courant par une ligne sinueuse nettement tracée. Longtemps on la suit du regard, s'écoulant à côté de la rivière et refusant de se mêler avec elle; mais les tourbillons, les remous, les reflux de toute espèce causés par les inégalités du fond et les sinuosités des rives ont pour résultat de mélanger les eaux; la ligne de séparation s'efface peu à peu, de gros bouillons transparents surgissent du fond à travers la masse boueuse; les impures alluvions, plus pesantes que l'eau qui les entraîne, se déposent sur les plages et dans les dépressions du lit. Le ruisseau se purifie de plus en plus; mais en même temps il cesse d'être lui-même et se perd dans la puis-

XIV

LES « RAVAGEURS ».

sante masse liquide de la rivière qui l'emporte vers l'Océan. Son courant se divise en filets, ceux-ci sont partagés à leur tour en gouttes et en gouttelettes, toutes les molécules se confondent. L'histoire du ruisseau vient de finir, du moins en apparence.

Cependant la bouche du grand égout n'a point vomi dans le fleuve toute la masse d'eau qui roulait entre les berges ombreuses en amont de la ville et de ses fabriques. Tandis qu'une partie du courant continue de suivre le lit naturel, transformé en fossé, puis en canal souterrain par la main de l'homme, et va se traîner lourdement le long des quais, une autre partie du ruisseau, détournée de son cours normal, est entrée dans un large aqueduc et s'est dirigée vers la cité en suivant le flanc des collines et en passant par d'énormes siphons au-dessous des ravins. L'eau, protégée contre l'évaporation par les parois de pierre ou de métal qui l'entourent, emplit à son entrée dans la ville un vaste réservoir maçonné, sorte de lac artificiel où le liquide se repose et s'épure. C'est de là qu'il s'échappe pour se distribuer, de quartier en quartier, de rue en rue, de maison en maison, d'étage en étage, par des conduites ramifiées à l'infini, sur l'immense surface habitée. L'eau est partout indispensable; il en faut pour nettoyer les pavés et les demeures; il en faut pour abreuver tous les êtres vivants, depuis l'homme et les animaux qui le servent jusqu'à la fleur modeste qui s'épanouit à la fenêtre des mansardes et au gazon qu'arrose le brouillard irisé des fontaines. Par ses millions et ses milliards de bouches et de pores absorbant incessamment veinules, gouttelettes ou simple humidité dérivées du ruisseau, la cité devient comme un immense organisme, un monstre prodigieux engloutissant des torrents d'un seul trait. Il est des villes qui ne se contentent pas d'un ruisseau et qui en boivent à la fois plusieurs, accourant de tous les côtés par des aqueducs convergents. Une capitale, — il est vrai que cette capitale est Londres, la cité la plus populeuse du monde entier, — ne boit pas moins d'un demi-million de mètres cubes d'eau par jour, assez pour emplir un lac où flotteraient à l'aise cent navires de haut bord.

Après s'être ramifiée à l'infini dans les rues et les maisons, l'eau des aqueducs, désormais salie par l'usage et mélangée aux impuretés de toute sorte, doit reprendre son chemin pour s'enfuir de la ville où elle engendrerait la peste. Chaque dalle, comme une bouche immonde, vomit des eaux ménagères; chaque rigole roule son petit torrent nauséabond; à chaque angle de rue, une cascade rouge ou noirâtre se précipite dans un puisard. Ce flot impur, seul ruisseau que puisse étudier le gamin de nos cités, contribue, plus qu'on ne pense, à lui faire aimer la nature. Il m'en souvient encore : lorsque des averses abondantes avaient enlevé la vase de la rigole et rempli le lit jusqu'aux bords, nous construisions des barrages, nous enserrions le courant dans un défilé, nous le faisions se précipiter en rapides, nous formions à volonté des îles ou des péninsules. Devenus hommes, les petits ingénieurs qui pataugeaient avec tant de jubilation dans la rigole ne peuvent se rappeler sans plaisir leurs jeux d'enfance ; malgré eux ils regardent avec une certaine émotion le filet d'eau bourbeuse qui se traîne le long du trottoir. Depuis leurs jeunes années, dans l'espace d'une génération, que de débris entraînés sur ce courant visqueux ont trouvé leur chemin vers la mer! Jusqu'au sang des citoyens qui s'est mêlé à cette boue !

De toutes les rigoles latérales les impuretés vont rejoindre le grand égout, qui souvent est le lit de l'ancien ruisseau lui-même, de sorte que la ville ressemble à ces polypes dont l'unique orifice s'ouvre à la fois à la nourriture et aux déjections. Toutefois, dans la plupart des avenues souterraines de nos cités, on a eu le soin d'établir une certaine séparation entre les deux courants. Des tubes de fer juxtaposés servent de lit à deux ruisselets coulant en sens inverse : l'un est le flot d'eau pure qui va se ramifier dans les maisons, l'autre est la masse d'eau souillée qui s'en échappe. Comme dans le corps de l'animal, les artères et les veines s'accompagnent; un cercle non interrompu se forme entre le courant qui porte la vie et celui qui donnerait la mort.

Malheureusement, l'organisme artificiel des cités est encore bien loin de ressembler pour la perfection aux organes naturels des corps vivants. Le sang veineux, chassé du cœur dans le poumon, s'y renouvelle au contact de l'air : il se débarrasse de tous les produits impurs de la combustion intérieure et, recevant du dehors l'aliment de sa propre flamme, il peut recommencer son voyage du cœur aux extrémités, et rouler la chaleur et la vie d'artère en artériole. Dans nos cités, au contraire, corps informes où s'ébauche l'organisation, l'eau souillée continue de couler dans les égouts et va polluer les fleuves, où elle ne se purifie que lentement, sans être reprise par l'industrie humaine pour alimenter la ville en entrant dans la circulation souterraine. Mais cette épuration, que la science de l'homme a le tort de ne pas accomplir, les forces de la nature y travaillent de concert avec les habitants des eaux. A toutes les bouches d'égout où ne plonge pas sans cesse l'avide hameçon du pêcheur à la ligne, des multitudes de poissons, entassés parfois en véritables bancs comme les harengs de la mer, se repaissent avec volupté des restes de festins apportés par le torrent boueux; les limons des murailles et des berges, les herbes frémissantes du fond retiennent aussi et font entrer dans leur substance les molécules de fange qui les baignent; les débris les plus lourds descendent et se mêlent au gravier, les épaves sont rejetées sur le bord ou s'arrêtent sur les bancs de sable; peu à peu, l'eau se clarifie; grâce à sa faune et à sa flore, elle se débarrasse même des substances dissoutes qui la dénaturaient, et si dans son cours elle n'était pas souillée de nouveau par d'autres impuretés découlant des cités riveraines, elle finirait par reprendre sa pureté première avant d'atteindre l'Océan.

Dans la ville future, ce que la science conseille sera aussi ce que feront les hommes. Déjà nombre de cités, surtout dans l'intelligente Angleterre, essayent de se créer un système artériel et veineux fonctionnant avec une régularité parfaite et se rattachant l'un à l'autre, de manière à compléter un petit circuit des eaux, analogue à celui qui se produit dans la grande nature entre les montagnes et la mer par les sources et les nuages. Au sortir de la ville, les eaux d'égout, aspirées par des machines, comme le sang l'est par le jeu des muscles, se dirigeront vers un large réservoir voûté où les ordures entraînées se mêleront en un liquide fangeux. Là, d'autres machines s'empareront de la masse fétide et la lanceront par jets dans les conduits rayonnant en diverses directions sous le sol des campagnes. Des ouvertures pratiquées de distance en distance sur les aqueducs permettront d'en déverser le trop-plein en quantités mesurées d'avance sur tous les champs appauvris qu'il faut régénérer par les engrais. Cette fange coulante, qui serait la mort des populations, si elle devait séjourner dans les villes ou se traîner dans les fleuves le long des rivages, devient au contraire la vie même des nations, puisqu'elle se transforme en nourriture pour l'homme. Le sol le plus infertile et jusqu'au sable pur donnent naissance à une végétation luxuriante lorsqu'ils sont abreuvés de ces liquides ; de son côté, l'eau qui servait de véhicule à toutes les souillures de l'égout, se trouve désormais nettoyée par les opérations chimiques des racines et des radicelles ; recueillie souterrainement dans les conduits parallèles aux aqueducs d'eau sale, elle peut rentrer dans la ville pour la nettoyer et l'approvisionner, ou bien couler dans le fleuve sans en ternir le courant limpide. Tandis qu'autrefois, au-dessous de la première ville dont elle baignait les quais, la rivière n'était plus jusqu'à l'Océan qu'un immense canal d'égout, elle reprend de nos jours sa beauté des temps anciens; les édifices des cités et les arches des ponts, qui pendant des siècles ne se sont reflétés que sur une onde troublée, recommencent à se mirer dans un flot transparent.

CHAPITRE XIX

LE FLEUVE

La masse entière du fleuve n'est autre chose que l'ensemble de tous les ruisseaux, visibles ou invisibles, successivement engloutis : c'est un ruisseau agrandi des dizaines, des centaines ou des milliers de fois, et pourtant il diffère singulièrement par son aspect du petit cours d'eau qui serpente dans les vallées latérales. Comme le faible tributaire qui mêle un humble courant à sa puissante masse, il peut avoir ses chutes et ses rapides, ses défilés et ses entonnoirs, ses bancs de cailloux, ses écueils et ses îlots, ses berges et ses falaises; mais il est beaucoup moins varié que le ruisseau et les contrastes qu'il offre dans son régime sont beaucoup moins saisissants. Plus grand, il nous étonne par le volume de ses eaux, par la force de son courant; mais il reste uniforme et presque toujours semblable à lui-même dans sa majestueuse allure. Plus pittoresque, le ruisseau disparaît et reparaît tour à tour : on le voit fuir sous les ombrages, s'étaler dans un bassin, puis encore plonger en cascade comme une gerbe de rayons pour s'engouffrer de nouveau dans un trou noir. Mais non seulement le ruisseau est supérieur au fleuve par l'imprévu de sa marche, par la beauté des ses rivages, il l'est aussi par la fougue relative de ses eaux : proportionnellement à sa petite taille, il est bien autrement fort que la grande rivière des Amazones pour affouiller ses rives, modifier ses méandres, déposer des bancs de sable ou bâtir des îlots. C'est par ses agents les plus faibles que la nature révèle le mieux sa force. Vue au microscope, la gouttelette qui s'est formée sous la roche accomplit une œuvre géologique proportionnellement bien plus grande que celle de l'Océan sans bornes.

De son côté, l'homme a su jusqu'à maintenant beaucoup mieux utiliser les eaux du ruisseau que celles du grand fleuve. A peine la millième partie de sa force est employée pour l'industrie; ses eaux, loin de se déverser sur les campagnes en canaux fécondants, sont au contraire bordées de digues latérales et retenues inutilement dans leur lit. Tandis que le ruisseau appartient déjà dans l'histoire de l'humanité à la période industrielle, qui de toutes est la plus avancée, le fleuve ne représente guère qu'une époque déjà très ancienne des sociétés, celle où les cours d'eau ne servaient qu'à faire flotter des embarcations. Encore, cette utilité diminue-t-elle constamment de nos jours en importance relative, à cause des routes carrossables et des chemins de fer qui facilitent les transports dans les campagnes riveraines. Avant que l'agriculteur et l'industriel puissent avec confiance faire travailler les eaux du fleuve à leur profit, il faut qu'ils cessent d'en craindre les écarts et soient maîtres d'en régler le débit suivant leurs besoins. Et même quand la science leur fournira les moyens d'apprivoiser le fleuve et de le mener en laisse, ils seront impuissants tant qu'ils resteront isolés dans leurs travaux et ne s'associeront pas afin de régulariser de concert la force encore brutale de la masse d'eau qui coule presque inutile devant eux. Comme nos ancêtres, nous sommes toujours forcés de regarder le fleuve avec une sorte de terreur religieuse, puisque nous ne l'avons pas dompté. Ce n'est point, comme le ruisseau, une gracieuse naïade à la chevelure couronnée de joncs; c'est un fils de Neptune qui de sa formidable main brandit le trident.

Pour contempler dans toute sa majesté un de ces

puissants cours d'eau, et comprendre qu'on a sous les yeux une des forces en mouvement de la terre, il n'est pas besoin de faire un long voyage, de traverser l'ancien monde et d'aller visiter près de leur embouchure le Brahmapoutrah et le Yant-tse-Kiang, tous les deux fils d'un dieu ; il n'est pas besoin non plus de franchir l'Atlantique et de voyager sur le Mississipi, sur l'Orénoque ou le fleuve des Amazones, large comme une mer et semé d'archipels. Il suffit, dans les limites mêmes du pays que l'on habite, de suivre les bords d'un de ces cours d'eau qui se ralentissent et s'étalent largement en approchant de l'estuaire où leur flot tranquille va se mêler aux vagues de l'Océan. Qu'on aille visiter la basse Somme ou la Seine près de Tancarville, la Loire entre Paimbœuf et Saint-Nazaire, la Garonne et la Dordogne à l'endroit où elles se réunissent pour former la mer de Gironde ! Qu'on aille surtout à la pointe septentrionale de la Camargue, là où le Rhône se partage en deux bras !

Le fleuve est immense et calme. La masse énorme, large de plus d'un kilomètre, se divise sans effort entre les deux courants : à peine quelques remous d'écume tournoient à l'abri d'une jetée qui prolonge la pointe de l'île en forme d'éperon. A gauche, le moindre bras, qu'on appelle le petit Rhône, est néanmoins un puissant cours d'eau, plus fort que la Garonne, la Loire ou la Seine ; à droite, le grand Rhône fuit sous le regard jusqu'à un rivage indistinct bordé de saules que recouvre à demi le vaporeux de l'espace. Dans le cercle immense de l'horizon, on n'aperçoit que l'eau ou bien les terres apportées par le fleuve et déposées couche à couche, molécule à molécule ; seulement à l'est, on distingue quelques-unes des cimes rocailleuses des Alpines, bleues comme le ciel, et vers le nord apparaissent vaguement les cimes coniques de Beaucaire, au pied desquelles commence l'ancien golfe marin que les alluvions du fleuve ont peu à peu comblé. Iles, presqu'îles, berges, tout est composé de sable noirâtre dont le Rhône et ses affluents ont opéré le mélange, après avoir reçu des torrents supérieurs les roches triturées des Alpes, du Jura, des Cévennes. La grande terre de Camargue, dont on voit les rivages se profiler au loin entre les deux Rhônes, et qui n'a pas moins de huit cents kilomètres de surface, est elle-même en entier un présent du fleuve, et faisait jadis partie des monts de la Suisse et de la Savoie. Telle est l'œuvre géologique du courant, et cette œuvre colossale se continue sans cesse. Pourtant le silence le plus grand pèse sur ces puissantes ondes. Assis à l'ombre des saules, on chercherait vainement à percevoir le murmure de la ville d'Arles, dont on peut, en se haussant, distinguer dans la brume les arcades romaines et les tours sarrasines. Le seul grondement qu'on entende, est celui des locomotives et des wagons qui roulent de l'autre côté du fleuve en ébranlant le sol. On ne les voit pas, et leur tonnerre lointain, qui s'accorde si bien avec l'immensité du Rhône, semble être la voix du fleuve. On se figure que le fils de la mer doit avoir, comme l'Océan, son éternel et formidable bruit.

Au-dessous de leur bifurcation, les deux fleuves déroulent chacun de leur côté les longs méandres de leur cours. Les eaux, rejetées d'une rive à l'autre, rasent le pied de la dernière colline et reflètent les tours de la dernière cité. Déjà les fumées qui s'élèvent des maisons se confondent avec les brumes lointaines, et sur les rivages, bordés d'ypréaux à l'écorce argentée, ne se montrent plus que des cabanes et de rares villas à demi perdues dans la verdure. Enfin, la dernière maison est également dépassée; on se trouverait en pleine solitude, si quelques noires embarcations, semblables à de grands insectes, ne voguaient sur le fleuve. Les arbres du bord deviennent de plus en plus rares, et s'abaissent en hauteur; bientôt ce ne sont que des broussailles; puis celles-ci disparaissent à leur tour : il ne reste plus d'autre végétation que celle des roseaux sur le sol encore boueux, affleurant à peine au-dessus de l'eau terreuse.

Ici, l'antique nature se revoit telle qu'elle existait, il y a des milliers de siècles, avant le séjour de l'homme sur les bords du fleuve et des ruisseaux qui s'y déversent. Comme aux temps du plésiosaure, la terre et l'eau se confondent en une sorte de chaos : des bancs de vase, des îlots émergent çà et là, mais à peine distincts de l'eau qui les pénètre, ils brillent comme elle et reflètent les nuages de l'espace ; des nappes liquides s'étalent entre ces îlots, mais elles se mêlent à la boue du fond : ce sont elles-mêmes de la fange, plus fluide seulement que la vase des rives. De toutes parts on est environné de terres en formation et cependant on se trouve déjà comme au milieu de la mer, tant la surface du sol est unie et l'horizon régulier. C'est qu'en effet tout l'espace embrassé par le regard était autrefois la mer. Le fleuve l'a comblé peu à peu ; mais le sol récemment déposé n'est pas encore affermi ; sans d'immenses travaux d'assèchement, il ne saurait même être approprié au séjour de l'homme, puisque les miasmes mortels s'échappent de ses boues et de ses eaux corrompues.

Arrivé sur ce domaine qui fut autrefois celui de l'Océan, le fleuve, graduellement ralenti, s'étale de plus en plus et devient en même temps moins profond.

Enfin, il approche de la mer, et ses eaux douces, glissant en nappe tranquille, vont se heurter contre les vagues écumeuses de l'eau salée, qui se déroulent avec un bruit de tonnerre continu. Dans le conflit des masses liquides entre-choquées, l'eau du fleuve s'est bientôt mélangée aux flots de l'immense gouffre, mais en se perdant, elle travaille encore. Tous les nuages de boue qu'elle avait pris sur ses bords et qu'elle tenait en suspension sont repoussés par les vagues dans le lit fluvial; ne pouvant aller plus avant, ils se déposent sur le fond et forment ainsi une sorte de rempart mobile servant de limite temporaire entre les deux éléments en lutte. Tout en se déposant molécule à molécule, le banc, qui obstrue la bouche du fleuve, ne cesse de se déplacer pour se reformer plus loin; poussées par le courant fluvial, incessamment grossies par de nouveaux apports, les boues sont entraînées plus avant dans la mer, et peu à peu la masse tout entière se trouve avoir progressé. De siècle en siècle, d'année en année, de jour en jour, ce fleuve, qui semblait impuissant contre l'immense mer, empiète néanmoins sur elle, et l'on peut même calculer de combien il avancera dans une période donnée, tant sa marche est uniforme. Eh bien! cette victoire du fleuve sur l'Océan, ce sont les mille petits ruisseaux et ruisselets des coteaux et des monts qui la remportent. Ce sont eux qui ont rongé les parois des défilés, eux qui roulent les quartiers de roches, qui froissent et broient les cailloux, qui entraînent les sables et délayent les argiles. Ce sont eux qui abaissent peu à peu les continents pour les étaler dans la mer en vastes plaines où tôt ou tard l'homme creusera ses ports et bâtira ses villes.

CHAPITRE XX

LE CYCLE DES EAUX

De même que le grand fleuve, Rhône, Danube ou courant des Amazones, la mer est composée des milliers et des millions de ruisselets qui se déversent dans ses tributaires. Une première fois mêlées dans le fleuve, ces eaux, accourues de tous les points des continents, se mêlent encore d'une manière bien plus complète dans ces immenses profondeurs du gouffre marin, assez grand pour contenir l'eau que lui apporteraient toutes les embouchures fluviales pendant cinquante millions d'années. Par ses mouvements de flux et de reflux, ses flots de houle, ses vagues de tempête, ses courants et ses contre-courants, il promène l'eau de toutes les rivières de l'une à l'autre extrémité du globe. La gouttelette, issue du rocher dans un antre des montagnes, fait le tour de la planète; purifiée des alluvions terrestres qu'elle portait, elle dissout des molécules salines, et de vague en vague, suivant les parages qu'elle traverse, change de poids spécifique, de salinité, de couleur, de transparence; la faune d'infiniment petits qui l'habite se modifie aussi sous les divers climats : tantôt ce sont des animalcules phosphorescents qui la peuplent et la font briller pendant les nuits comme une étincelle, tantôt ce sont d'autres infusoires qui la font ressembler à une tache de lait. Sa température varie également sans fin. Dans les mers polaires, la gouttelette se transforme en un petit cristal de glace; dans les mers équatoriales, elle s'attiédit assez pour que les coraux puissent y déposer leurs molécules de pierre. Comparé à l'Océan sans bornes, le ruisselet des montagnes n'est rien, et cependant ses eaux, divisées à l'infini, se retrouveraient dans toutes les mers et sur tous les rivages, s'il était possible au regard de les suivre dans leur circuit immense.

Pour chaque goutte marine qui coula jadis dans le ruisseau, la durée du voyage diffère : l'une, à peine entrée dans l'Océan, est saisie par les frondes d'une algue et sert à en gonfler les tissus; l'autre est absorbée par un organisme animal; une troisième, retenue prisonnière dans un cristal de sel, se dépose sur une plage sablonneuse; une autre encore se change en vapeur et monte invisible dans l'espace. C'est là le chemin que prend tôt ou tard chaque molécule aqueuse ; libérée par son expansion soudaine, elle échappe aux liens qui la retenaient à la surface horizontale des mers et s'élève dans l'atmosphère, où elle voyage comme elle a voyagé dans l'Océan mais sous une autre forme. La vapeur d'eau pénètre ainsi toute la masse aérienne, même au-dessus des brûlants déserts, où sur des centaines de lieues ne coule pas un seul filet d'eau ; elle monte jusqu'aux extrêmes limites de l'Océan atmosphérique, à soixante kilomètres de hauteur perpendiculaire au-dessus de la nappe marine, et sans doute qu'une partie de cette vapeur trouve aussi son chemin vers d'autres systèmes de planètes ou de soleils, car les bolides, qui traversent les cieux étoilés en flèches lumineuses et jettent sur le sol leurs étincelles, doivent en échange emporter avec elles un peu de l'air humide qui oxyde leur surface.

Toutefois la vapeur d'eau qui s'échappe de la sphère d'attraction terrestre pour aller avec les bolides rejoindre les astres éloignés est relativement peu de chose; la grande mer d'humidité, tenue en suspension dans l'atmosphère, est destinée presque en entier à retomber sur le globe terraqué. Les innombrables molécules de vapeur restent invisibles tant que l'air n'en est pas saturé : mais que l'accroissement de l'humidité ou l'abaissement de la température déterminent le point de saturation, aussitôt les particules de vapeur se condensent, elles deviennent gouttelettes de brouillard ou de nuée et s'agglomèrent avec des millions d'autres molécules en immenses amas suspendus dans les hauteurs de l'air. Trop lourds, ces nuages s'écoulent en pluies et en averses dans l'Océan d'où ils sont sortis, ou bien, poussés par les vents, ils sont emportés au-dessus des continents où ils viennent se heurter contre les escarpements des collines, sur les rampes des plateaux, aux arêtes et aux pointes des montagnes. Ils tombent soit en pluies, soit en neiges ; puis gouttes et flocons, divisés à l'infini, pénètrent dans la terre par les cavernes, les fissures des rochers, les interstices du sol nourricier. Longtemps l'eau reste cachée, puis elle reparaît à la lumière en sources joyeuses, et recommence son voyage vers l'Océan par les lits inclinés des ruisseaux, des rivières et des fleuves.

Ce grand circuit des eaux n'est-il pas l'image de toute vie? n'est-il pas le symbole de la véritable immortalité? Le corps vivant, animal ou végétal, est un composé de molécules incessamment changeantes, que les organes de la respiration ou de la nutrition ont saisies au dehors et fait entrer dans le tourbillon de la vie ; entraînées par le torrent circulatoire de la sève, du sang ou d'autres liquides, elles prennent place dans un tissu, puis dans un autre et dans un autre encore ; elles voyagent ainsi dans tout l'organisme jusqu'à ce qu'elles soient enfin expulsées et rentrent dans ce grand monde extérieur, où les êtres vivants, par millions et par milliards, se pressent et se combattent pour s'emparer d'elles comme d'une proie et les utiliser à leur tour. Aux yeux de l'anatomiste et du micrographe, chacun de nous, en dépit de son dur squelette et des formes arrêtés de son corps, n'est autre chose qu'une masse liquide, un fleuve où coulent avec une vitesse plus ou moins grande, comme en un lit préparé d'avance, des molécules sans nombre, provenant de toutes les régions de la terre et de l'espace, et recommençant leur voyage infini, après un court passage dans notre organisme. Semblables au ruisseau qui s'enfuit, nous changeons à chaque instant ; notre vie se renouvelle de minute en minute, et si nous croyons rester les mêmes, ce n'est que pure illusion dans notre esprit.

Aussi bien que l'homme considéré isolément, la société prise dans son ensemble peut être comparée à l'eau qui s'écoule. A toute heure, à tout instant, un corps humain, simple mille millionième de l'humanité, s'affaisse et se dissout, tandis que sur un autre point du globe un enfant sort de l'immensité des choses, ouvre son regard à la lumière et devient un être pensant. De même que dans une plaine, tous les grains de sable et tous les globules d'argile ont été roulés par le fleuve et déposés sur ses rives, de même toute la poussière qui recouvre le globe a coulé avec le sang du cœur dans les artères de nos ancêtres. D'âge en âge, les générations se succèdent en se modifiant peu à peu : les barbares à la figure bestiale et luttant pour la prééminence avec les animaux féroces sont remplacés par des êtres plus intelligents, auxquels l'expérience et l'étude de la nature ont enseigné l'art d'élever les animaux et de cultiver la terre; puis, de progrès en progrès, les hommes arrivent à fonder les villes, à transformer les matières premières, à échanger leurs produits, à se mettre en rapport d'une partie du monde à une autre partie; ils se civilisent, c'est-à-dire leur type s'ennoblit, leur crâne devient plus vaste, leur pensée plus étendue, et d'un cercle de plus en plus large, les faits viennent se grouper dans leur esprit. Chaque génération qui périt est suivie par une génération différente, qui, à son tour, donne l'impulsion à d'autres multitudes. Les peuples se mêlent aux peuples comme les ruisseaux aux ruisseaux, les rivières aux rivières; tôt ou tard, ils ne formeront plus qu'une seule nation, de même que toutes les eaux d'un même bassin finissent par se confondre en un seul fleuve. L'époque à laquelle tous ces courants humains se rejoindront n'est point encore venue : races et peuplades diverses, toujours attachées à la glèbe natale, ne se sont point reconnues comme sœurs; mais elles se rapprochent de plus en plus; chaque jour elles s'aiment davantage et, de concert, elles commencent à regarder vers un idéal commun de justice et de liberté. Les peuples, devenus intelligents, apprendront certainement à s'associer en une fédération libre : l'humanité, jusqu'ici divisée en courants distincts, ne sera plus qu'un même fleuve, et, réunis en un seul flot, nous descendrons ensemble vers la grande mer où toutes les vies vont se perdre et se renouveler.

TABLE DES MATIÈRES.

Chapitre I. La Source. 1
— II. L'Eau du désert. 19
— III. Le Torrent de la montagne. . . . 39
— IV. La Grotte. 49
— V. Le Gouffre. 61
— VI. Le Ravin. 71
— VII. Les Fontaines de la vallée . . . 83
— VIII. Les Rapides et les Cascades 97
— IX. Les Sinuosités et les Remous. . . . 107
— X. L'Inondation. 121
— XI. Les Rives et les Ilots 133
— XII. La Promenade. 145
— XIII. Le Bain. 159
— XIV. La Pêche. 171

Chapitre XV.	L'Irrigation.	185
— XVI.	Le Moulin et l'Usine	197
— XVII.	La Barque et le Train de bois.	211
— XVIII.	L'Eau dans la cité.	225
— XIX.	Le Fleuve.	237
— XX.	Le Cycle des eaux.	247

FIN DE LA TABLE DES MATIÈRES.

3986. — Imprimerie A. Lahure, rue de Fleurus, 9, à Paris.

www.ingramcontent.com/pod-product-compliance
Lightning Source LLC
Chambersburg PA
CBHW070538160426
43199CB00014B/2291